古树名木复壮养护技术和保护管理办法

全国绿化委员会办公室　编

中国民族摄影艺术出版社

地坛古树

河北省涉县龙爪槐

编辑委员会

序

　　古树名木是大自然和祖先留给我们的宝贵财富，是重要的物种资源、景观资源和生态资源，它承载着传统文化，记载着历史变迁，是"活文物"、"活化石"、"活档案"，具有重要的生态、经济、科研价值。保护好古树名木，对于弘扬传统文化、增强生态意识、开展科学研究、普及科学知识，具有十分重要的意义。

　　我国古树名木资源十分丰富。千百年来，这些古树名木饱经沧桑而不衰，历经风雨而不倒，充分展示了对大自然的超凡适应能力，生动诠释了物竞天择、适者生存的自然规律，不仅见证着源远流长、光辉灿烂的中华文明，而且象征着坚韧不拔、自强不息的民族精神。如：陕西黄陵县的轩辕柏，广东中山市孙中山先生手植的酸枣树，陕西延安枣园窑洞前毛主席手植的丁香树，等等。这些历史瑰宝，时刻诉说着千百年来的名人轶事，生动记载着中华民族的悠久历史。

　　我国古树名木大多是珍稀树种，为世界罕见或我国独有，遗传优势突出，历史文化厚重，在全球物种保护和文化传承中具有重要地位。我国高度重视古树名木保护工作，全国绿化委员会、国家林业局相继出台了一系列政策措施。1996 年作出了《关于加强保护古树名木工作的决定》，2001 年在全国开展了古树名木普查和登记建档工作，2003 年作出了严禁采挖古树名木的规定，2009 年发出了《关于禁止大树古树移植进城的通知》。各地区和有关部门认真贯彻落实，通过法律、技术等多种措施加强古树名木保护管理，较好地保护了我国珍贵的古树名木资源。

为适应大力推进生态文明建设的需要，更好地指导我国古树名木保护管理工作，全国绿化委员会办公室组织编撰了《古树名木复壮养护技术和保护管理办法》，收录了相关技术人员探索总结的古树名木复壮养护技术，以及近年来各地制定的古树名木保护管理法规和技术标准。希望各地区和有关部门认真学习借鉴，进一步加强古树名木保护管理工作，引导社会公众牢固树立植树爱树护树的文明意识，自觉为建设生态文明和美丽中国贡献力量。

二〇一三年五月

前　言

　　古树名木是在人类历史过程中保存下来的年代久远或具有重要科研、历史、文化价值的树木。古树指树龄在 100 年以上的树木；名木指在历史上或社会上有重大影响的中外历代名人、领袖人物所植或者具有极其重要的历史、文化价值、纪念意义的树木。

　　党中央、国务院历来十分重视古树名木保护事业，出台了一系列政策措施。近年来，各地、各部门也普遍加强了古树名木保护。随着时间的推移，古树名木保护要求不断加强，措施不断完善。

　　古树名木保护虽然取得了一定成绩。但是，现有的科学养护技术还需普及推广，规范管用的保护法规有待完善，古树名木保护技术水平急需提高，保护工作还需进一步强化。

　　从古树名木保护的实际需要出发，为了给各地实施古树名木复壮养护和制定保护法规提供有益的参考与借鉴，全国绿化委员会办公室组织编撰了《古树名木复壮养护技术和保护管理办法》这部书籍。本书精编了近年各地新制定的保护法规、养护技术标准，以及古树名木保护专家、工程技术人员在科学研究和生产实践中总结出来的复壮养护实用技术。

　　本书可供社会各界开展古树名木复壮养护、保护管理参考。由于我国古树名木类型、生存环境和生长状况千差万别，以及各地的自然、社会、经济、文化状况各不相同，书中一些技术措施、管理办法难免有局限性，在古树名木保护活动中应结合实际参考应用并创新提升，形成一套适合当地实际的复壮养护技术措施和保护管理规章制度，提高本地、本单位的古树名木保护技术和管理水平，为生态文明建设做出贡献。

　　最后，向支持、参加本书编撰的有关单位、专家表示衷心的感谢！

全国绿化委员会办公室

二〇一三年五月

目　录

古
樹
名
木

东莞树龄210多年的高山榕

曲阜孔庙古树

第一部分

古树名木复壮养护技术

洛阳树龄200多年的紫藤

古树名木的复壮技术

中国城市建设研究院教授级高级工程师　李玉和
北京市园林绿化局保护处　　　　　　　尹俊杰
北京市林业工作总站工程师　　　　　　张　萍

　　据不完全统计，全国古树资源有近300万株。在册的古树绝大多数属于人工栽植的树木，生长100年以后形成古树，多分布在城区和郊区自然环境较好的地方。自从有人类活动以来，逐渐改变了古树的自然环境，形成一种自然经济和社会复合生态环境，对古树生长产生不同程度地影响。在诸多因素综合作用下，古树长势除一部分生长良好之外，大部分处于衰弱状态，重者出现濒危和死亡。为了保护好现有古树，各地曾对弱株古树的不同情况采取不同的养护和复壮技术措施，取得了较好的效果，也总结出许多有效的技术方法。现就北京市弱势古树复壮方面的技术介绍如下：

一、古树复壮技术的标准

　　古树长期生长在恶劣环境中，树体器官衰弱和损伤，出现外部叶子发黄、枯焦和死亡；枝杈损伤及枯死；树干伤残及腐朽等症状。按照树体衰弱程度，古树长势衰弱株可分为轻弱株、重弱株、濒危株和死亡株。当前古树重弱株和濒危株是抢救的重点，应尽早采取复壮技术措施。如何复壮，必须对古树复壮技术措施有一个判断的标准。根据树木习性、古树特点和古树衰弱状况，在参考国内外有关资料的基础上，提出古树复壮标准如下：

（一）古树良好的生存环境技术指标

　　1. 无机环境

　　(1) 土壤容重：1.2 g/cm³~1.3 g/cm³

　　(2) 土壤总孔隙度：50%~60%

　　(3) 土壤自然含水量：10%~18%

　　(4) 土壤非毛管孔隙度：> 15%

　　(5) 光照强度：> 8000lx

　　(6) 气温及土温：10℃~28℃

　　(7) 土壤有机质含量：5%~10%

　　(8) 土壤有机肥含量：1%~2%

　　(9) 土壤矿质养分：

　　氮：80ppm 至 120ppm，五氧化二磷：20 ppm~40 ppm

　　氧化钾：100 ppm ~150 ppm，微量元素占氮磷钾总量5%

(10) 土壤溶液浓度：0.1%~0.2%

(11) 土壤酸碱度：pH 值 6.5~7.5

(12) 地下障碍物清理，如墙基、路基、旧路面、旧管道等

(13) 地上废弃物清理，如建筑垃圾、煤渣、木料等

(14) 废弃建筑物拆除，如废旧设施、仓库、厨房等

2. 有机环境

(1) 调整乔木、灌木和草本植物以有利于古树生存

(2) 虫害已控制及天敌生物增加

(3) 病菌已控制及有益菌的微生物增多

（二）古树器官修复技术指标

1. 根系吸收器官

(1) 伤根治愈率达 90% 以上

(2) 弱根复壮在 50% 以上

(3) 吸收根系量增加 1 倍以上

2. 叶子光合器官

(1) 叶子已清洗消毒

(2) 叶子由黄转绿达 80% 以上

(3) 树冠增加叶量 50% 以上

(4) 叶子光合作用提高 50% 以上

3. 枝干输导器官

(1) 伤口清理及消毒，有利于伤口愈合

(2) 伤口皮层愈合

(3) 损伤组织已明显恢复

(4) 枝干输导功能提高 30% 以上

（三）树洞修补技术指标

1. 洞内腐朽木屑清理至隔离层

2. 洞内填充物与树体黏合牢固形成一体

3. 洞内物质含水量小于 15%

4. 洞口边封缝严实，保持在三年以上

5. 洞口边活组织在一般情况下留在封口外边

6. 仿真树皮颜色和纹理要与真皮近似

（四）树体支撑技术指标

1. 支撑点、牵引点和角度符合力学原理

2. 支撑力或牵引力应大于支撑物或牵引物的压力

3. 减小对支撑树体的伤害

北京十三陵古油松

4.支撑或牵引设施要与环境相协调

二、古树弱势调查及设计

古树弱势调查是应用系统法对某地要复壮古树的生长与环境进行的全面调查。其主要内容：

（一）**生长调查**：调查树种、株数、树龄、胸径、树高、冠幅、枝条年生长量、叶面积指数、根系、枝干和叶衰弱及损伤程度等。

（二）**环境调查**：调查地上气候、地形、植被类型、生态位、环境容量、废弃物、病虫害等和地下土壤中水、气、热、养分、pH值、微生物和扎根条件等。

（三）**调查结果分析**：将调查资料进行全面分析，查明衰弱原因，确定植株长势级别及正常株、轻弱株、重弱株、濒危株和死亡株的株数。对重弱株和濒危株制定古树复壮规划，计划每年的复壮株数并进行复壮设计。

（四）**古树复壮设计的主要内容及要求**：按照古树复壮技术标准规定，设计时，应对每一种古树的长势提出复壮工程的内容、施工技术设计和工程预算等。古树复壮工程项目应由具有古树施工资格的施工单位承担，按照古树复壮技术标准规定和古树复壮工程施工设计方案的要求进行复壮施工。

三、古树复壮工程施工技术

我国保护古树有着悠久的历史，特别是近些年来，随着人们对古树保护意识的增强，各地在古树复壮技术方面进行了多方面的试验，并积累了丰富的经验。现就古树复壮主要技术分述如下：

（一）古树环境改造工程技术

古树环境包括无机环境和有机环境，对其环境改造是在保护古树范围内进行的。通过改造，使环境因子之间由不协调变为协调、不平衡变为平衡，使之增效并发挥出整体功能效应，以达到有利古树生存和生长的空间环境。

1.无机环境改造。无机环境改造分为地下环境改造和地上环境清理。

(1)古树地下环境改造。主要是对古树生长土壤的改造。由于古树主要生长在城市、郊区和山区，生长的土壤在人为因素的影响下，其性质及恶化程度各不相同，改造方法亦不相同。其中城市土壤破坏最为严重，是改造的重点。

①城市土壤改造工程　按照人为形成土壤类型分为裸地土壤、铺装土壤和面积狭窄土壤三类进行改造。

A.裸地土壤改造工程

一是改造的面积和深度要根据古树多数吸收根分布范围的面积和深度确定。单株改土面积的公式：

$S=\pi(R+R/5)^2-\pi(R/2)^2$（$S$：改土面积，$R$：树冠半径，$R/5$：树冠外延宽度。）示意图如下：

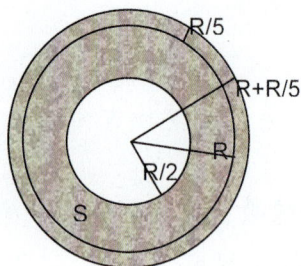

改土深度为古树大多数根系分布深度，一般为80cm。改土应本着少伤根系的原则，分三年完成，每年的改土面积为1/3，做到均匀分布。改土方式可根据树冠大小和地下根系分布空间的范围，选择辐射沟或坑或穴。对每种改土方式，每株一年挖沟或坑4个~8个。沟规格：长80cm、宽50cm、深80cm，坑规格：长、宽各60cm、深80cm。群株古树改土方式是在两株或三株以上树冠之间挖直形沟或曲形沟。沟规格：长4m~6m，宽50cm，深80cm。最后按设计沟穴点位挖土，清除渣砾和污染物，更换相同体积当地熟土。

二是土壤质地改良要根据古树土壤调查分析结果，对不是沙壤土的土壤进行改良。如属于黏性土要掺细砂，砂性土要掺黏性土，掺入原土中的细砂或黏土量要达到沙壤土标准。沙壤土标准是物理黏粒<0.01 mm的含量为20%~10%，物理沙粒>0.01mm的含量为80%~90%，土壤密实度控制在土壤容重1.2g/cm³~1.3g/cm³，总孔隙度50%~60%，水气孔隙度比例适宜。

土壤肥力低的要掺有机肥和无机肥。树枝改土选用与改土树种相同的树种或同属树种的枝条，截成若干小段，用量占改土体积的15%；腐叶土或腐植土占改土体积的5%；有机肥占改土体积1%~2%；掺氮磷钾元素的用量及配方比例是由土壤养分标准量减去土壤养分实际含量的余量而定，微量元素中铁锌锰等占氮磷钾总量的5%为宜。土壤为碱性时，应加少量硫磺粉；土壤为酸性时，应加入石灰粉，将pH值调至6.5~7.5。在土壤、水、气、温、pH值和碳氮比为1：25的条件下，适宜微生物繁殖，在土壤内掺入生物菌肥500g/m³。

上述可掺入土壤的物质与沙壤土混匀，特别是树条埋土方向要与树根方向一致，填入改土沟或穴内分层踏实至地面平整。

三是对土壤积水，特别是对于密实土壤、黏土和低洼地形等处地面和土体的积水，在改土的同时，要根据现地积水和地形条件，采取地表明沟或地下埋管等方法解决土壤排水问题，将土壤过多的雨水排出古树保护范围之外。

B. 铺装土壤改土工程

城市人行道、宅院过道、公园和景点游道等处地面生长的古树，在古树保护范围内地面铺装有不透气砖，需将其铺装全部拆除，并对土壤进行改土。但在地面遇有建筑物等设施，阻挡拆除面积情况下，应视地面情况而定。在铺砖拆除后其下面的水泥沙浆层可不清理或少清理，但在清理时要注意少伤根系。改土方式采用钻孔法和坑穴法。两种方法的布点数量由拆除铺装面积大小而定。钻孔法布点每平方米布一个点，孔径10cm、深80cm。坑穴法布点数一般为4个~6个，坑穴规格长60cm、宽40cm、深80cm。

钻孔法是用钢钻在布点处打孔后，将制好的营养棒状肥（棒径 9cm）插入孔内，或者用草炭土和腐熟有机肥 3：1 的比例混匀填入孔内压实至平。坑穴法是按穴位点挖坑去掉渣土，坑底压平后由下至上将预制的六面体通透砖叠砌一起，至铺装地面处起到支撑铺装和通气的作用。坑内填充应用裸地土壤改土方法配成的营养土，然后压实至稳层。另外，在没有改土的面积上，铺设 10cm 厚，含有 10% 的草炭土、5% 的腐熟有机肥和含 85% 的细砂的混和土，铺平并压实。

铺砖要求透气透水，大雨不产生径流，全部渗入土壤内，至于砖的颜色和规格要根据功能要求，由厂家设计制作。在铺砖施工时，先将改土地面整平，再在上面铺砖，做到平整压实稳固。在古树周围有孔位和穴位处的方砖上做好标记，以方便浇水施肥。

C. 地面狭窄土壤改造工程

由于城市的许多建设，是在古树保护范围内修建的，所以其地下埋设的各种管道、墙基、路基等会阻碍古树根系的生长和分布，迫使根系改变生长方向或团缩生长，树势减弱。对此，首先应扩大古树营养面积不足的地下土壤空间，对旧地基、旧路面和地面铺装等拆除，并对密实土壤进行改良。

改土方法除与裸地土壤改土方法相同之外，对没有改土的地方，应从地面至根系分布层以上，将土壤挖出，清除有害物质，然后在原土内掺混细砂、粗腐叶土、草炭土和有机肥，其比例各占表层改土总量的 10%、5%、10%、2% 左右，将其与原土混匀后平铺在表层压实。

②农业土壤改土工程　郊区平地古树土壤一般为农业土壤，土层深厚，肥力较高，但由于缺少管理，有的古树在其保护范围内被人为倾倒的垃圾发酵而产生的垃圾滤液、排放的污水渗入地下，使土壤受到污染。对这部分污染土壤的改土方法主要是将污染土壤进行清理，换上好土，然后根据土壤肥力状况，掺入一些有机质和有机肥。对于古树四周地面由于人工挖坑取土，造成地面凹凸不平，易积水，露根等问题，可用附近农田土掺混有机肥填平地面，压实土壤。

③山区林业土壤改土工程　山区林业土壤，土层较薄，并含有一些砾石，保水性较差，改土方法主要是修筑土堰。即在古树下方距树体 2m~5m 处修筑土堰，宽为 0.4m，高度略高于树体上方地面，将土埂夯实。并对树坑内土壤进行松土，掺改土体积 15%~20% 的腐叶土和 5% 的有机肥，混匀后放入坑内，以增加土壤的保水保肥能力和养分含量。

(2) 古树地上环境清理。城区和郊区村镇分布的单株古树，应对其保护范围内人为修建的废旧房屋、车棚、道路进行拆除，对堆积的木料、煤渣和生活垃圾等杂物及地面污染物质和污染源进行清理。

2. 有机环境改造。主要是在古树保护范围内，对影响古树生存的其它植物和动物及微生物的组成结构进行调整，达到物种之间稳定平衡，有利于古树生存。

(1) 树木调整　在古树保护范围内往往生长有与古树争夺水肥和光照的大、小乔木和灌木，从有利于古树生态系统平衡、有利于古树生存出发，可以移植的尽可能移到异地栽植，不能移植的大乔木、部分小乔木和灌木可保留原地。对于大树朝向古树一侧的根系做断根和根系屏蔽措施，减少地下争夺水肥。对于地上遮挡古树光照乔木的枝条应进行适当修剪，以保证古树有充足的光照。

(2) 草本植被处理　草本植物有天然草本植物和人工草坪与古树争夺水肥。解决办法是全部铲除与古树争夺水肥能力强的草本植物，保留与古树争夺能力差的地被植物或改为栽植浅根性、耐干旱、观赏性草本植物。

(3) 有害动物及病菌防治　当古树被害虫或其他动物和病菌及其他有害微生物危害时，应进行有效防治，控制其对古树的危害。

(4) 外来物种控制　为防止外来有害生物危害古树，一是要积极预防，二是一旦发现危害古树的外来物种，要采取有效措施，彻底消灭。

（二）古树器官修复工程技术

古树器官主要是指古树根系、叶子和枝干营养器官。这些器官分别具有吸收水肥，进行光合作用，制造有机物和疏导水分、无机营养及有机营养物质，为树体提供物质和能量的功能，以维持古树生命。为增强并提高古树器官功能，须对古树根系、叶子和枝干采取修复措施。

1. 根系吸收器官修复。根据古树根系受损情况，对根系实施伤根修复、弱根复壮，促进生根、增加新根量，增强根系吸收功能。采取的措施：一是对伤根、劈根进行修剪，然后用伤口涂补剂进行消毒防腐；二是选用特效杀虫杀菌药剂，进行土壤消毒；三是选用生物制剂药品，如古树生根液或核能素灌根，补充根系营养物质和能量，以促进根系恢复和增加新根量；四是改善根系吸收环境条件。如调节土壤水分、空气、地温、pH 值和增加有机质，以利于微生物生存和繁衍；或在土内施用微生物菌肥，以提高根系吸收水分和养分的能力。

2. 叶子光合器官修复。使伤、残、黄等不正常叶子恢复正常或增加叶量来提高叶子总体功能。修复措施：一是叶面清理消毒杀菌灭虫。即用清水冲洗叶上的灰尘和清除树冠坏死残叶，然后用药剂喷施叶面，进行消毒防腐杀菌灭虫；二是叶面喷施有机液肥和氨基酸螯合铁及古树营养液等营养品，使叶子恢复正常，提高光合作用；三是在不能满足古树光合作用条件下，可调解叶子光合作用所需要的水分、二氧化碳和光照及温度等，以满足叶子光合作用的需要。为增加叶量，可在树冠活枝上的脆芽和潜伏芽上施外源激素等物质，对其激活，促其发芽、抽枝、萌发新叶。

3. 树体器官修复。对于因受人为伤害和病虫危害以及自然灾害，导致树体器官严重受损的部位，实行外科手术和输送营养等方法进行修复。

(1) 外科手术法：

① 病虫危害枝干损伤修复，即选用消毒杀虫灭菌剂喷枝干后，用伤口涂补剂涂患处封干，再在患处用已消毒的麻袋片包裹树干或大侧枝两层，然后用麻绳包扎紧实，待第二年蛀干害虫羽化和孵化时，用菊杀乳油喷枝干，以防治成虫和幼虫。

② 树体皮干损伤修复。主要是对以下五种情况进行处理：

A. 树体有皮伤口处理。即用已消过毒的利刀将表层毛茬消除及残渣清理，然后涂伤口涂补剂，将原伤树皮覆盖于伤口处，其上用不锈钢大头钉钉上，周边用蜂胶或紫虫胶封缝，表面用消毒的麻袋片包裹扎实。

B. 无皮伤口处理。先按有皮伤口处理方法处理后，在同一树种上取一块大小、形状与无皮伤口形状相同的活皮，迅速植于伤口处，然后用同样方法固定、封缝和伤口包扎。

C. 树体劈裂伤口处理。发现树体劈裂，应争取将劈裂枝干在 24 小时之内修复完成。目前，国内外修复劈裂古树有两种方法，一种是螺纹杆加固法，另一种是铁箍加固法。在应用两种方法之前，先将树体劈裂处碎皮木屑清除后，用防腐消毒剂涂抹，同时将劈裂枝干进行修剪短截，然后用钢丝绳拉紧，使劈裂处合拢捆紧，尽快用上述两种方法加固。

螺纹杆加固法是德国采用的一种树体加固方法，在我国常用于正常和较弱的古树上。处理方法是根据树体劈裂程度和劈裂处长度大小设计和安装螺纹杆的位置和数量，孔位上下错开，杆距为 50cm~80cm 不等，螺纹杆直径 1cm~2cm。安装时，先在孔位打孔，其孔径要比螺纹杆径大 1cm，将杆穿过孔洞，然后把两端孔位树皮和韧皮部用消毒的利刀削掉，再将两头安装螺母和胶垫拧紧至木质部，然后涂抹伤口涂补剂或蜂胶。当螺纹杆安装完成后，在上下杆之间树体裂缝处用涂补剂或蜂胶封缝，最后用消毒的麻袋片包扎紧实。

铁箍加固法适用于重弱和濒危古树。铁箍安装位置及数量根据树体劈裂长度设计。方法是将已预制好的铁箍在劈裂规定的位置上安装铁箍，其内加胶垫，用螺丝钉拧紧后，将所有劈裂处用生物胶封严，再用已消毒麻袋片包扎捆紧。

树体修复后，要在一年之内分几次观察，发现有裂开流胶等现象，要及时用上述涂补剂或蜂胶处理，直至裂缝愈合为止。

D. 树干日灼和冻害引起病虫危害，流胶腐烂伤口的处理。先将伤口腐烂处清除至露出白茬木质部后，涂防腐消毒剂，最后用麻袋片包扎捆紧。在一年之内要检查几次，发现有裂缝流水及时用该药剂涂抹，直至伤口愈合为止。

E. 枝干折断的伤口处理。先把断茬的下端锯平，锯口面呈倾斜椭圆形，其上用伤口涂补剂涂平。

(2) 树体输送营养法。树体枝干修复后，要及时在树干上采取注射或打吊针方法，补充矿质营养元素、酶类物质、内源激素、抗衰老物质等营养物质和能量。

（三）树体腐朽修补工程技术

古树多数属于衰老期，新陈代谢慢，免疫力减退，树势衰弱，树体枝干都有不同程度的腐烂流胶和细胞坏死，严重的致使树体纵向裂开或出现树干空洞现象。针对这种情况，国内外都采取了一些措施，但都没有找到很好的解决树体腐朽修补的技术。

上世纪 70 年代，我国一些城市园林和林业管理古树的部门和单位，一般采取清理洞穴后用硫酸铜等药液消毒，洞内填充材料都是就地取材，有砖瓦、石块、混凝土、木板块和锯末等。洞表层用麻刀灰、水泥涂表层或者洞口表层铺一层铁丝网或胶合板用胶黏合一起，上面用水泥等涂于外表层。有的单位考虑到树体外观效果，最外层做仿真树皮，使用塑性水泥或用水泥、细砂、粘合胶和颜料混匀，涂于表层，用刀勾纹，外表树皮和颜色与真皮相似，还有的取同树种树皮植于树洞表层。

在国外，如德国、美国等一些发达国家，上世纪60年代采取的方法是先清理洞穴，后用石炭酸、硫酸铜溶液防腐消毒，用水泥灰浆等材料填入洞穴和洞穴周边整平涂上紫虫胶或紫胶脂的办法。后来德国一些专家学者对树洞采取假填充办法，先清理树洞，然后用铁丝网或马口铁封洞口，上边用水泥灰浆涂一层，最后表面涂一层紫胶脂。如果树体不太稳定，就在洞口两侧横向安装螺纹杆固定。此种方法省工省料，便于洞内检查，但安装螺纹杆会对老龄重弱树有一定的伤害。从2004年开始，北京市在吸收国内外树洞修补经验的基础上，筛选我国的新优材料和胶品，在北京十三陵国家风景名胜区内德陵和永陵的油松、侧柏、桧柏等树种的古树树洞进行修补试验，经历四年多，取得了良好的效果。其修补技术有填充法、假填充法和腐朽表层处理法三种。这里主要介绍填充法。

1. 施工准备工作

施工前，按照设计单位制定的古树树洞修补方案进行现场核对，然后编制施工计划，制定施工进度，完成用工、材料、工具、技术及安全等前期的施工准备工作。

2. 树洞修补材料的选择及种类

(1) 填充材料。选取与树木胀缩系数相近、有韧性和弹性、有亲和力、耐久力的有机材料和对树体无害、与树洞修补树种相同或同一属的树种新鲜板材做为填充材料。用板材时应将其烘干，含水率小于14%。

(2) 防腐剂。选择能杀虫灭菌，防腐防火，渗透力强，药效持久，对人畜无毒的环保型产品，如季铵铜(ACQ)(只用于树木死体)。

(3) 黏合胶。选择有弹性、亲合力强，具有坚固耐久、抗氧化性能好和防水、无腐蚀作用的产品，如聚氨脂、密封胶、环氧树脂(玻璃钢)等产品(用于树木死亡细胞组织)。

(4) 伤口涂料。选择防腐消毒效能高，对活组织无害，有促进细胞增生愈合作用，有利于呼吸及水分蒸发，有弹性、亲合力强、不开裂、防水性能好(用于树体活组织处)的生物制品，如伤口涂补剂、蜂胶、紫虫胶等。

3. 树洞修补程序

(1) 清理树洞。即用铲刀等工具将洞内松软腐烂组织进行清理。清理时，凡是人工能操作的地方都应全部清理干净，直到硬质隔离层。

(2) 洞壁防腐消毒。选用国内木材防腐效果最佳的防腐剂季铵铜(ACQ)药剂，用刷子或喷枪将药剂均匀地涂在洞壁上。

新式堵洞

(3) 洞内填充。根据需要做成不同规格的板条和木块，表层涂季氨铜溶液，待洞内水分干后先在壁上用环氧树脂或白乳胶涂上一层木板与洞壁粘牢，然后洞内分层填充木板，在板之间缝隙处选用粘结性强的聚氨脂粘结一体，直到洞内填满为止。

(4) 洞口表层处理。树洞内填充物干后，按树体外部形状，距树干表层 6cm 处，先用密封胶或防水聚氨脂涂一层之后，再在其上表面铺一层铁丝网和无纺布，然后再涂一层环氧树脂。在涂时一定要将洞口边活组织留在外边，其胶要与洞口边活组织形成层以下木质部白荏连接。如果洞口边活组织多年基本上没有增生，要用胶将洞口边涂严。当外表层颜色与原树皮反差太大时，可用与树皮颜色相近的中性硅酮密封胶涂在外表层的上表面。若表皮需要仿真，还要在表层留约 2cm 厚度，作为树皮仿真。

(5) 洞口边处理及封缝。用已消毒的利刀将活组织削至形成层以下露出白荏木质部为止，用毛刷清除残渣后，用伤口涂补剂或用蜂胶或紫虫胶将边缝封严。

(6) 树皮仿真。目前有三种方法：选用胶、水泥等物混匀仿树皮造型；模具用胶仿树皮造型；选同一种树皮移植造型。以上三种方法，如操作符合要求，都能达到树皮仿真效果。

对树洞修补不填充法这里简要介绍一下假填充修补法和不堵洞修补法。前一种方法适用于古树树洞大而且干体结实，处在无车辆和无人为等伤害的条件下。其方法是先在洞内用木料和钢筋做龙骨架放在洞穴支撑至洞口，然后在洞口面用木板做成弧形曲面，其表层处理方法与树洞填充修补方法相同。第二种方法适用在树洞一侧开口或树干裂开两处以上，内侧通风干燥，而且干体稳固又无外因伤害的情况下。无需补洞，可将树体腐朽处进行清理后用季氨铜防腐消毒，然后，选用环氧树脂或桐油涂其表层。同时对洞口边活组织进行清理，在上面涂上伤口涂补剂或生物胶，如蜂胶或紫虫胶。为防止人为破坏，在古树保护范围内设置栏杆。

（五）树体支撑工程

古树多为乔木，外形高大，树体要依靠地下发达的根系支撑直立于地上。由于古树本身树龄大，树体衰老，根系向中心更新、支持力降低，加上自然灾害和人为建筑，道路地下施工切断根系等各种因素影响，导致根系支持力降低，树体重心偏移，树体倾斜。因此，对倾斜古树树体必须给予支撑，以确保古树和行人的安全。

古树树体倾斜支撑技术，早在 20 世纪 50 年代就开始在一些城市园林部门的公园等单位使用。支撑方法分为硬支撑和软支撑两种。选择哪一种方法，要依据现地古树倾斜角度大小和附近环境条件而定。一般情况是树体倾斜角度大于 30 度以上的多采用硬支撑法，树干或侧枝倾斜角度小于 30 度的用软支撑法。

1. 硬支撑法的施工方法：

(1) 支撑材料及规格。支柱选择坚固的镀锌铁管，管径标准为被支撑枝干直径的二分之一左右。如被支撑主干或侧枝直径为 20cm，则管径为 10cm。支柱长度依据现场支撑点距地面的高度和支撑角度大小决定。

托板选用厚度为 1.0cm~1.5cm 的钢板，长宽规格根据支撑点处具体情况而定。一般情

支撑面小阻截有机养分形成树瘤

况下，横向长度为枝干周长的 1/3 左右，纵向长度要比横向长度大于 1/3 或小于 1/3 为宜。托板为曲面长方形。

软垫选择具有一定厚度、有弹性、透气且柔软的胶皮，如大车外胎。胶皮厚度约 2cm 左右。软垫规格按托板大小裁剪，均匀布点打孔。

(2) 支撑点选位。首先确定被支撑枝干的平衡点（最大重力点），然后根据物体杠杆原理，本着省力的原则，将支撑点选取在平衡点上方适宜处。

(3) 支柱接地点确定。一般要求支柱与枝干夹角大于 60 度，而且在支点向下重力线矢量和压力线矢量的连线之间某点上确定为接地点。接地点要开挖长宽各 40cm，深 60cm 的立方体基槽，并在基底垫上基石。

(4) 支柱安装。按照设计确定好的支点、接地点，准备好支柱、托板、胶垫和地基土坑及浇注材料，将支柱顶端安上托板和胶垫，安放在枝干的支撑点和支柱下端接地点上，做到承受力紧密牢固。最后，将地基坑槽用水泥砂浆浇注。

2. 软支撑施工方法：

(1) 支撑材料。一般选择铝合金板（厚 0.5cm~1.0 cm）、不锈钢丝绳（直径 1.0cm）、大车外胎胶皮、线夹、紧线器、绳卡等。托板选用铝合金板材。规格：宽为 10cm，长度小于枝干半径。形状为长方形，两端做套环。胶垫选用大车外胎，宽与托板一致，长是托板与枝干接触的长度。

(2) 牵引点。根据材料力学原理和牵引力最大为原则，确定枝干和附着物牵引点。

(3) 安装。安装时，先在牵引点上安上托板和胶垫，然后用钢丝绳系在两端托板金属环上，接头用绳卡固定，一端钢丝装有紧线器，用以调整钢丝绳松紧度，不要太紧，绳中间略有下垂。

三、古树复壮工程验收

古树复壮工程施工完成后要进行验收。验收由古树专家、建设方、园林绿化主管部门和施工方联合组织，分为施工阶段验收、工程竣工之后施工质量验收和三年养护工程质量和古树长势验收。在最后总验收时，作出古树复壮总评价。古树复壮工程在 10 株以上，可组织联合验收。不足 10 株的，由甲方请专家检查验收。

（一）施工期间验收

主要检查施工所用材料及产品规格、品牌、品质、用量，施工项目是否按设计方案规定的程序、技术方法和质量要求进行施工。

（二）施工竣工后验收

工程竣工后 15 天内，建设方要组织上级主管部门、施工方和古树专家联合验收。首先，施工单位要提供竣工项目的有关技术报告、产品及样本的自检和分析报告、施工总结报告等验收文件，然后由专家组对该项目的施工现场进行验收。如环境改造工程，主要检查土壤质地、土壤松密度、有机质、有机无机养分含量及地面处理情况，地上非生物物质清理情况，地上生物种类结构调整及改造情况。

器官修复工程主要检查枝干外科手术的方法质量和枝叶清理的情况，树体根系和叶面使用生物制剂后的营养情况，枝叶吸收利用水分和养分的情况。

树洞修补工程主要检查树洞表层及封缝处理情况，树皮仿真效果，树洞修补景观效果。

树体支撑工程主要检查支点角度及接地点基础的合理性，材料应用情况及效果，支撑点处对树干的影响情况，支撑力度及安全，支撑景观效果等。

工程竣工验收后，要填报竣工验收单 (如表一)。

（三）古树复壮养护验收

古树复壮工程竣工后按规定要养护管理三年。期满后，由建设方组织古树专家、上级主管部门和施工方联合进行工程养护总验收。

首先，施工单位要提供施工养护复壮工程维护记录、古树生物制剂营养品种类、使用浓度及方法、土壤理化性质分析报告、古树复壮长势分析报告等文件，然后进行现场验收。现场验收主要是对古树根系生长状态、数量及吸收功能，古树枝干输导组织愈合情况及输导功能，古树叶子生长状态、叶量及光合功能，古树复壮各项工程设施维护情况等进行验收。

工程养护质量验收后，填写古树复壮工程养护验收单 (如表二)。

竣工验收单

表一

工程名称		工程地点	
古树树种及株数		施工单位	
开工日期		竣工验收日期	
验收内容			
环境改造工程	器官修复工程	树洞修补工程	树体支撑工程
工程质量评定及结论			
古树专家签字	施工单位 签字（公章）	建设单位 签字（公章）	绿化主管部门 签字（公章）

工程养护验收单

表二

工程名称		工程地址	
古树树种		施工单位	
竣工日期		验收日期	
工程养护		复壮效果	
工程质量 综合评价			
验收意见			
古树专家	施工单位	建设单位	绿化主管部门

目前我国古树长势衰弱原因的分析

中国城市建设研究院教授级高级工程师　李玉和

科学保护古树，必须了解目前我国古树长势，以及衰亡的状况和原因。

我国现存的古树主要是历代人工栽培的树木，散生或群生分布在城镇、村庄和山地等处，真正原始古树很少。关于古树生长和衰亡状况，从本世纪初以来，对全国古树生长状况进行调查的结果表明，目前，全国各地由于生态环境进一步恶化，多数古树植株都呈现出不同程度的衰弱，如焦叶、枯枝、死杈、树体腐朽、倾斜等症状，并日趋严重。许多古树处于重衰弱和濒危状态，每年都有部分古树死亡。据 2004 年沈阳市城市建设管理局关于"沈阳市东、北两陵古油松死亡情况"报道，1991 年共有古油松 2826 株，到 2003 年，古油松死亡 1661 株，死株占总株数的 58.8%。13 年来，每年平均死亡古油松 127.8 株（见下表）。又如山东省枣庄市据统计有 50% 的散生古树成为濒危古树。不仅如此，其他地方的古树衰亡情况也不胜枚举。

沈阳市东、北两陵古油松死亡情况表　　　　单位：株

年份		1991	1992	1993	1994	1995	1996	1997	1998	1999	2000	2001	2002	2003	合计	平均
死亡数量	北陵		82	85	89	87	91	95	91	102	103	87	70	65	1047	87.3
	东陵	21	50	27	45	85	35	45	52	95	35	44	39	41	614	47.2

鉴于目前古树长势衰弱及保护现状，查清古树长势衰弱和死亡的原因，就成为制定相适应的养护复壮技术方案、科学保护古树的前提。下面就目前古树长势衰弱的原因进行如下系统的分析：

树木从种子萌发幼苗开始，要经历幼年、中年、老年、最终死亡这一过程，这是一切生物生命的自然规律。树木自然寿命是受树种遗传性决定的。一般来讲，慢生树种寿命长，速生树种寿命短。各树种只要生长在无外来干扰的良好自然环境，处在生态系统平衡状态，可以说绝大部分树种都能活到自然寿命年龄。但这是一种理想和愿望，实际上树木能活到自然寿命年龄基本上是不存在的。

古树是指生长达到 100 年以上的树木。在良好的自然条件下，大多数树木植株都能达到古树年龄。但是，在树木生长的过程中，因受不良环境因子的影响，大多数树木植株被淘汰，只有少数植株成为幸存者，达到古树年龄成为古树，顽强地生存在大自然中，与日月同辉。有人问，古树寿命能活多少年？这个问题提得太笼统。因为影响古树寿命的因素

很多，但从总体上看，树木的寿命是与遗传基因、立地条件和生存环境密切相关的。当前尚生存古树长势衰弱的原因十分复杂，概括起来影响古树衰亡的因素主要有以下几个方面：一是自然环境恶化，二是病虫危害，三是人为伤害，四是自然灾害。其中，人为伤害是主要方面。

一、生存环境恶化

古树生存在一定的空间里，由环境提供的光照、温度、水分、空气、无机养分和扎根条件等生存因子维持古树生长发育，所以环境是古树生存的基础。早期自然环境的生存因子之间协调，完全满足古树生存的需求，古树生长良好；但随着人类文明的发展和对自然环境的干扰、破坏，古树生存环境逐渐恶化，古树生长受到威胁。生存环境恶化主要表现在以下方面：

（一）水分失衡

古树根系每天都从土壤中吸收水分输送到树体内，其中除有少量的水分用于本身代谢维持生命过程外，大部分水分通过树体体表蒸腾到大气中，形成古树与大气和土壤之间水分的不断循环。这种水分循环能否满足古树水分平衡的需要，与大环境和局域环境好坏有着密切的关系。

地球表层是由大气圈、水圈、岩石土壤圈和生物圈构成的自然生态系统。当系统平衡时，水在系统内正常循环，大气降水充沛，地下水和地表水丰富，空气湿润，古树得到水分滋养，体内水分充足，古树生长发育良好。一旦全球生态系统遭到人为破坏，导致自然环境恶化，引起水循环系统失衡，古树树体内因缺水引起衰弱和死亡。关于全球水分状况，据有关资料介绍，从 1980 年以来，全球陆地水分失衡越来越突出，出现陆地总降水量减少的状况，特别引发了在高纬度的广大温带地区干旱少雨，河水断流，地下水下降，泉水干枯，地表水减少，土壤干旱，古树缺水的状况。而在低纬度的亚热带和热带地区，虽然雨量多，但雨量不均，常出现旱涝现象。总之，全球陆地水分失衡直接影响到包括人类在内的整个地球生物界的生存。赵儒林先生主编的《植物生态学概要》一书中指出，全球地表层水分共有 1.5 亿 km³，其中海洋占 97%，为 1.455 亿 km³；陆地占 3%，为 0.045 亿 km³。在陆地总水量中与古树用水相关的有地下水、地表水和空气水，它们约占陆地水量的四分之一，即 0.01125 亿 km³。全球水资源在大生态系统平衡的控制下，水的三态变化运行和分配量是在全球气候、地理位置、地貌、植物覆盖率和季节影响下进行相应的有规律的动态变化。所以，在陆地与海洋之间水分循环的分配量基本上是稳定的。在通常情况下，陆地总水量在各地分配量上都能满足包括古树在内的植物、动物和人类等一切有生命的生物对水的需要。上世纪 70 年代以后，全球人口剧增，经济高速发展，人们在生产和生活上使用大量能源，放出大量热量，二氧化碳增多，空气增温，大气污染，形成温室效应，全球变暖，引起大气、水、温度等气候因子异常。加上人类长期砍伐森林，使全球三分之二森林被毁掉，造成水土流失，岩石裸露，地面蒸发量增大，土壤沙漠化。另外人类过度开采和利用地下水和地表水，引起地下水位下降，地表水减少，加速了全球气候异常，出现了水的三态变化，运行、水量和频次无规律。其结果是全球总水量在海陆分配上出现海洋水量增加而陆地水量减少的状况，并形成恶性循环。我国自上世纪80年代以来，也受上述全球因素的影响，出现了北方干旱少雨，南方雨量不均，旱涝灾害频发的现象。如在北方地区，春季正是古树发芽抽枝展叶，需水量大的时候。由于干旱少雨，树体缺水，出现生理干旱，直接影响到叶子的光合作用，营养的运输与代谢，古树枝叶呈现萎蔫状态。缺水严重时，细胞质壁分离，蛋白质破坏，产生游离氨，表现出树体外部呈现焦叶、落叶、枯尖、死权，甚至引起死亡。或者由于树势弱而引起病虫大量发生，危害加重，加速古树的衰弱和死亡。古树缺水虽然可以通过人工养护及时补充水分来缓解，但大多数地区水资源匮乏，无法补充足够的水分，特别是干旱山区，古树无水源可补。而南方原本气候湿润、雨量大，却由于气候异常，使得局部地区雨量过多，土壤积水，引起古树烂根，或者一些地区出现少雨、干旱，引起古树缺水衰弱。

（二）土壤氧气不足

古树是靠地下根系和地上枝叶及树干吸氧进入树体分解有机养分，释放能量维持树体生命的。古树根系吸氧主要是吸收地下土壤孔隙里的氧气。据各地测定，土壤硬度在 $9kg/cm^2$ 和土壤容重在 $1.5g/cm^3$ 以上，土壤氧气含量在 15% 以下。古树因氧气含量不足，地下根系量减少而且根系弱。当土壤硬度达到 $14kg/cm^2$ 以上，土壤容重在 $1.6g/cm^3$ 以上时，在土壤氧气含量 10% 以下的地方无根系分布或出现死根，引起古树衰弱和死亡。目前，城区土壤在外力的作用下，大部分土体密实，土壤通气孔隙度减少，能供给古树的氧气含量不足。其原因主要有以下五个方面：

1. 地面铺装

在城区人行道、车行路、公园游路和郊区的景区、景点游路施工时将路基分层压实，其上垫一层沙浆，最后表层铺上不透气砖或铺水泥路面。这种地下结构和处理方法，一方面隔绝了大气中氧气进入土壤，与土壤进行气体交换（土壤呼吸）；另一方面由于土壤密实，储气孔隙少，导致了氧气含量低。根系在这种不利条件下虽然具有趋气性的本能，竭力寻找疏松、透气较好的空间，求得勉强生存，但是终因氧气不足而长势减弱。

2. 裸地土壤密实

在城镇、村庄、房屋院内、宅旁、路旁和公园、寺庙等处的古树，因得不到很好的养护，裸露地面在人流反复践踏及车轮碾压等外力作用下，土壤密实，表层板结，土壤透气性差，减少雨水和空气进入土壤，根系生长发育受到限制，严重影响了古树的生存。

3. 水湿土壤

在近海边平地、内陆接近地表水处、地下水位高和雨水多、地形低洼排水不畅等易积水处生长的古树，因土壤含水量高，水占据土壤孔隙，氧气不足，根系长期生长在水湿土壤中进行无氧呼吸，很容易出现烂根死亡。

4. 地面垫土

在城区建筑施工时，有一些施工余土就地堆放在古树植株周围，一般树干被土深埋

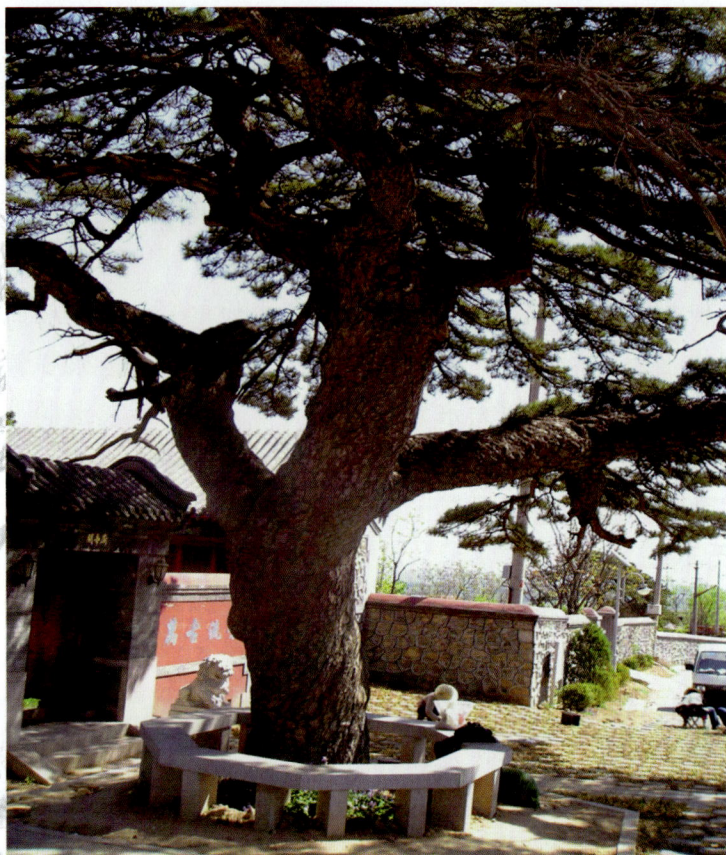

砌树盘

30cm~50cm。除树体被埋部分因生长受挤压基径变细和皮层气孔难以呼吸外,也影响到土体的氧气含量,有的根系在氧气不足的情况下向上生长,分布在垫土内,致使原土层内分布的根系减少。

5. 砌树盘

目前,许多地方在古树植株周边用石砖水泥砌成距树干 1m~2m 不等,高 30m~50cm 的树盘,盘内用土垫平,用来保护树体。岂不知树盘面积过小,又因盘内填土过高,除降低土壤的透气性,直接影响根系的呼吸外,更主要的是诱人乘凉,践踏树盘,引起外围吸收根上的表层土壤板结,影响古树根系的呼吸和树体的生长和发育。

(三)土壤营养低

古树有机体所需要的营养元素有 C、H、O、N、P、K、S、Ca、Mg、Fe、Zn、Mo、B、Cu、Ci 等十六种。在一般情况下,C、H、O 元素分布在空气中,基本能满足大树的需要。N、P、K 大量元素和 Fe、Zn、Mo、Cu 等矿物质微量元素主要存在土壤中,易缺乏,造成古树因缺少微量元素生长不良。土壤养分主要来源于矿物土粒和有机质。矿物土粒在土壤水、气、温度、pH 值、微生物等良好环境条件下,将土粒中的养分经过分解、释放转变为有效态养分被根系吸收。

古树体内营养充分的必备条件：一是古树根系发达，二是土壤养分丰富且平衡，三是土壤本身提供的有利于根系吸收养分的条件。从目前古树本身营养和土壤养分状况分析，大部分古树土壤有机质含量在1%以下，碱解氮不足，速效磷缺少，微量元素铁、锌等在含量以下，表明城市许多古树土壤缺少微量元素。究其原因主要是人为活动造成的。其表现：一是在人为干预下，不利于矿物土粒转变成有效态被古树吸收。二是古树体型高大，根系发达，庞大的吸收养分的根际，需要有相应的地下营养面积。可是，人为在古树周围土内砌墙基、路基、构筑物、埋设管道等，阻隔、切断了土壤水肥物质的内在联系，缩小了古树的营养面积，外部营养元素不能通过传导和质流进入内部补充养分。三是古树每年凋落的枯枝落叶原本可以进入土壤，经过分解，变成有效养分，被根系吸收循环利用，但在城市的枯枝落叶却被清扫外运，土壤得不到应该得到的有机养分的循环补充。这样连年下去，势必造成土壤养分匮缺。

（四）光照及温度变化

光照和温度是树木生长不可缺少的能源。不同树种需要的光照、温度条件是不同的。在自然环境里，太阳的光照和温度是随地球纬度、地形、海拔、季节等自然因素影响发生变化的，而树木适应这种变化，与当地的光照和温度建立起和谐的生态关系。随着我国人口大量增加，社会经济的发展，城市的开发建设中大量修建房屋和道路，许多古树原来的生态环境遭到破坏。当光照、温度发生了不同程度的变化时，就对古树生长产生了许多不利的影响。如在北方，楼北侧古树由于高楼遮挡，光照时间变短，光照不足，气温和土温也随之降低，土壤冻结期延长，从而造成古树因光照不足叶子光合作用低，枝条稀疏偏冠，特别是初春，地上天气虽变暖，气温回升，树枝开始萌动，而地下却还没有解冻，根系不能吸水，枝条呈现生理干旱。楼南侧古树，背风向阳、光照充足，气温高，在热辐射强度大的情况下，对适应性弱的古树易受到烤炙灼伤。

另外，有的古树因光照和温度变化强烈，根际地面无地被物遮挡，地表温度在50℃以上，引起表层根系难以忍受表土的高温而死亡。

（五）环境污染

在社会经济和人民生活发展过程中，一方面消耗了大量物质和能源，另一方面也产生大量的废气、废液和废渣排放到环境中，造成空气、水和土壤等环境污染，直接威胁着古树的生存。

1. 空气污染主要是指在工业生产和人民生活中大量使用化石燃料等物质，所产生的SO_2、NO_2、CO_2、CH_4、CO、烟尘等排放到空气中，使空气中的污染气体成分增加。这些气体被古树吸收、吸附后会产生生理、生化中毒反应。虽然树体具有一定的净化降解作用，但古树比一般树木的净化能力和抗性要低。当有毒气体含量浓度超过古树生态阀值范围，就会引起古树枝叶中毒，降低其功能。如钢铁、冶金、石油、化工、煤炭、造纸等重工业生产基地分布的古树，常呈现焦叶、枯枝等症状，严重时引起死亡。

2. 污水主要是指工业和生活排放的含有酚、醛、酯类、油类等有机物或含有氮、磷、汞、铅、锌、砷等无机物的有毒物质的污水。这些物质一旦侵入到古树根区，会对古树根系产生毒害作用。最常见的古树因污水受害的现象是居民洗衣和做饭的污水以及水沟污水浸入到附近的古树土壤根区内，出现烂根。厕所流出的尿液侵入到附近古树下的土壤内，增加了土壤盐分。当盐分浓度超过 0.5% 时，就引起古树生理干旱和 Na^+，Cl^- 直接腐蚀根系，出现地下烂根、死根，地上枯枝、焦叶、落叶等现象。

3. 固体垃圾主要是指建筑、道路施工所废弃的砖瓦、石砾、石灰等。这些渣砾埋入到土体内，因改变土壤性质，影响古树的生存。当土壤内含砖瓦砾量在 30% 以上，土体松散，保水肥性差，降低水肥含量，不利于古树生存。土壤中混入一定量石灰渣，提高了土壤 pH 值。当 pH 值大于 10 时，根系会受到腐蚀。还有工业用塑料、化工材料、废弃蔬菜和水果等有机垃圾产生的滤液渗入到土壤中，会对古树根系产生毒害。

二、生物竞争及危害

在古树生存空间范围内，古树作为主体，与其伴生的草本、灌木和乔木、动物、昆虫和鸟类以及真菌、细菌等微生物构成生物系统。当古树生态系统的组成和结构（垂直、水

蛀干害虫危害

平和营养结构）失调时，必然引起生物种类之间的竞争及危害。根据实践经验，物种竞争危及古树主要来自植物竞争和病虫害两个方面。

（一）植物竞争

1.草坪与古树争水肥

近些年来，从城市景观生态出发，在公园的裸地配置相适应的草坪，确实有了很好的效果。但有些地方用冷季型草坪覆盖，对古树将产生不利影响。据调查，草坪影响古树生长有三点：一是冷季型草坪，根系发达，争夺水肥能力强，从而减少了古树从土壤中吸收的水分和养分。二是草坪株间密集，根系在地表形成交织紧密的草根层，阻隔大气与土壤气体的交换，减少土壤氧气含量，影响古树根系的呼吸。三是草坪每次浇水至草根层，而其下层的古树根系基本上得不到水分而造成树体缺水。古树在以上三种影响作用下，生长会逐渐衰弱。

2.杂木影响古树生长

在古树保护范围内，会有其他树种入侵与其共生。这些古树周围生长的伴生树种或在古树群中生长的杂木，为生存与古树之间进行着激烈的竞争。其表现：一是争水肥。城区单株古树的伴生树种和郊区古树群内杂木，由于树龄比古树小，适应性强，争夺土壤水肥能力强，吸收输导速度快。如 1990 年，北京市园林科学研究所在香山公园洪光寺附近选一株古柏和一株小洋槐，用放射性 $Na_3P_{32}O_4$ 跟踪测定，古柏输导速度为 24cm~28cm/ 天，小洋槐输导速度为 67cm/ 天。二者相比，小洋槐是古柏输导速度的 2 倍多。二是争夺光照。自生的杂木多为当地乡土树种，适应能力强，枝叶繁茂，很快就长成高大乔木，变成优势树种，与古树争夺光照，树冠遮挡和挤压古树，导致古树生长衰弱或死亡。

（二）病虫危害

病虫频繁发生是危害古树生存的重要因素。病虫害发生的主要原因：一是城市生态平衡被破坏，控制病虫数量的天敌减少，有利于病虫繁殖和危害；二是古树生存条件恶化，树体水肥供应不足，出现生理病害，抗病虫能力差；三是防治方法不正确，缺乏科学性；四是大量使用化学农药，病虫产生抗药性。古树病虫大量发生，从而危害古树树体的叶子、干枝和根系，破坏营养器官，降低叶子光合作用和制造有机物质的功能、根系吸收土壤水肥能力、干枝运输养分和水分的能力，加速古树衰弱和死亡。在诸多危害古树的病虫种类中，小蠹虫、天牛等蛀干害虫在危害面和危害程度上最为严重，目前已成为古树加速衰弱和死亡的致命因素。

三、人为伤害古树严重

人与树的关系有史以来就是密不可分的，就像有人形容的那样，是"人亦树，树亦人"的关系。在人与古树相处关系中，绝大多数人们爱惜和保护古树，但也有少数人伤害古树，成为危及古树生存的重要因素。特别是我国现存的古树，基本是人工栽培的树木。这些古树多分在城镇和郊区村庄，人口多、交通便利的地方。进入 20 世纪 70 年代以来，我国人口猛增，特别是国家实行改革开放以后，全国利用各种资源大搞经济建设，开展经营活动，公园景区旅游设施建设都需要空间用地。在城市空间用地紧张的情况下，势必导致伤及古树的现象大量发生。人为伤害古树归纳起来主要有以下几个方面：

（一）建筑施工对古树的伤害

改革开放以来，城镇迅猛发展，建设楼房和道路等必然要侵占古树生存空间，对古树造成伤害。一是移植古树伤根太多和改变生存环境造成多数移植古树生长不良或枯死。二是施工保留下的古树，虽然在施工前已采取避让或者树体包扎、护栏、筑台等保护措施，但由于施工导致古树大量根系被切断，营养面积变得狭小，加之养护管理不到位，大部分古树长势衰弱，少数植株枯死。三是行道旁古树距路边太近，分车带古树预留的生存空间狭窄，易被大车碰撞，发生树体倒伏、折断和劈裂的现象也屡见不鲜。四是宅院内私搭乱建临时住房、厨房、库房、车棚等缩小古树营养面积。不仅如此，有的住户甚至把古树砌在厨房或墙内；有的以古树做支撑物悬挂物品；有的在古树周围堆放杂物、垃圾，倾倒污水，燃火排放烟气等，使得古树不堪重负，衰弱日趋严重。

（二）违法伤及古树

违法伤及古树可分为两种。一是在经济大潮中，有的人出于私利，无视法律，擅自移植古树或转让倒卖古树，造成古树资源损失。这种现象经多次严打，基本上杜绝。二是有个别违法分子，将位于房地产开发区内的古树用硫酸灌根、浇汽油火烧和颈基钻孔放花椒、注开水等违法手段残害古树，造成古树严重伤残或死亡。此种现象，古树名木主管部门虽已采取措施禁止，但这种伤害古树之风还没有刹住。

（三）保护意识淡薄伤及古树

社会上一部分人因缺乏法律知识，保护古树意识淡薄，在公园、景区内游玩时，用刀子等工具刻划古树树体，攀登古树折枝、采集花果等，造成一些树体胶液外溢，伤痕累累，影响古树长势。

四、自然灾害

自然灾害是天体运行规律对地球的影响而产生的一种自然现象。但是，随着社会发展，人口增多，科技进步，人们过度地利用自然资源，从而破坏了全球生态系统，扰乱了大气层的水、气、温度的运行规律，出现气候异常，致使自然灾害的频率和强度增加。每年都有不同强度的冰雪、水灾、风灾、雷击以及沿海地区台风等灾害发生。古树属于树木中的弱势群体，在自然灾害的外力作用下，许多古树枝干劈裂、折断，树体倒伏，以致于被连根拔起。

近几年来，世界科学技术的进步使人类对各种自然灾害的发生有了一定的预防能力，但还不能控制，只能起到减轻灾害破坏程度的作用。为及时抢救受伤的古树和防止灾后病虫害的大量发生，根据古树损伤情况，有针对性地采取相应的复壮措施，可以减轻自然灾害给古树带来的损失。

古树衰老的诊断及分析

原北京市园林局研究员、北京市古树名木保护专家　李锦龄

一、古树生长良好的适宜环境

树木生长有其自身的规律。通过对北京各大公园如中山公园、香山公园、戒台寺、潭柘寺、昌平、大兴、怀柔、密云，外地如沈阳东陵北陵、山东泰山、山西晋祠、陕西黄陵、甘肃天水、安徽黄山等1000株古树单株和群体的生态环境调查，得出古树生长良好是古树长期与自然环境相适应的结果。这种最佳自然环境就是：没有被人为破坏，无地上、地下污染，土壤质地、结构、肥力、有机质含量等指标良好，具有较好的供水条件和小气候环境。自然的地势格局属于北有玄武、南有朱雀、东有青龙、西有白虎，三面环山一面有水的优越环境，这样向阳、温暖、气候适宜的地理位置，是古树千百年来得以生长和保存的自然基础。古树生长良好的指标主要体现在以下两个方面：

(一)古树生长良好的环境指标

1.土壤的通气度

古树在通气良好的土壤中根系发达，吸引能力强，否则根系会因氧气不足生长不良或窒息而死。一般土壤容重在1.35cm³以下，土壤有效孔隙度为10%以上时，古树生长良好。

2.土壤自然含水率

一般土壤自然含水率在15%~17%时，有利于松、柏等古树的根系吸收、生长。土壤自然含水率达到20%以上时，古树根系将停止生长，持续时间达两天以上时会造成烂根。土壤自然含水率低于7%(黏土)和5%(沙土)时，古树根系会因干旱而死亡。

3.土壤三相比

固相、液相、气相的比为50∶40∶10左右为宜。

4.土壤温度

土壤温度对古树根系生长有着直接的影响。最适宜古树(松、柏类)根系生长的土壤温度为12℃~29℃。超过30℃时则不利于古树生长。裸地、沙地夏季中午时，温度可达到50℃~67℃，会灼伤古树根系，应采取地面覆盖方法降低土壤温度。低于0℃时古树根系不活跃。但在北京，冬季低温对古树的影响不大，实验证明，－17℃的低温不会对古油松的根系造成伤害。

5.土壤有机质

土壤有机质含量应不低于1.5%，才能保持古树良好的生长状态。

6.光照

光照对古树生长的影响也很大，光照不足，影响古树叶片的光合作用，造成古树生长不良，枝叶稀疏。太阳光光照强度至少应在8000Lux，才能保证古树正常生长。

(二)古树营养元素区系指标

根据资料分析，处在不同年龄段的不同树种，所需营养元素量是不同的。据测定，以下是几种树木枝叶中营养元素的比例和养分含量状况。

1.几种古树枝叶中营养元素的比例关系表　　　　　　　　单位：ug/g(ppm)

	NP	K	Ca	Mg	Fe	Zn	B	Ti	
古油松	14880	1232	5063	5024	1840	174	23	20	6
比值	12	1	4	4	1.5	0.14	0.02	0.02	0.005
古柏	14875	1654	8280	16885	2064	534	17	23	6
比值	9	1	5	10	1.2	0.3	0.01	0.01	0.004
白皮松	16975	1219	6021	7697	2453	235	24	41	4
比值	14	1	5	6	2	0.2	0.02	0.03	0.003

2.几种古树枝叶营养元素的合理补偿范围：

古柏树：

P元素在枝叶中含量应为1404.04ug/g~1725.29ug/g

Fe元素在枝叶中含量应为366.06ug/g~658.50 ug/g

Zn元素在枝叶中含量应为13.40ug/g~19.31 ug/g

Ti元素在枝叶中含量应为5.451ug/g~21.22 ug/g

古白皮松：

Mg元素在枝叶中含量应为2140.83ug/g~3857.76ug/g

Fe元素在枝叶中含量应为157.66ug/g~311.94ug/g

Zn元素在枝叶中含量应为15.76ug/g~23.79 ug/g

古油松：

N元素在枝叶中含量应为9768.13ug/g~16991.25 ug/g

K元素在枝叶中含量应为3629.27ug/g~7070.57 ug/g

古柏类：11.314ug/g~14.99 ug/g

3.古树枝叶中Na^+的含量

Na^+在土壤中含量过高会引起中毒现象。当含量超过80ug/g~100 ug/g时，出现生长不良；当含量达到1000ug/g~1500ug/g时，松、柏类古树根系受伤，造成烂根死亡，枝叶黄化枯焦。当Na⁺在古松、古柏枝叶中的含量在26.011ug/g~42.701ug/g范围内属正常，有利于古树生长。

二、古树矿物质营养元素定量诊断

古树树龄大多在百年以上，有的达几千年。正是由于它自身及相邻植物长期大量的吸收，多年降水的自然淋溶及气候、立地环境的不断变化，人为活动的影响，必然导致古树根系土壤贫瘠，矿物质元素缺乏或过多失衡，影响古树的正常生长。从大量的取样化验分析看，不同古树有不同的遗传特性和代谢类型。在不同生命周期中，各树种按照不同的代谢特点同化外界的物质，其生命活动与矿物质营养元素的吸收利用有着一定的平衡关系。不是各种元素越多越好，也不是土壤中的元素都能被古树吸收，而是有一个最适宜的量。因此，古树的保护和复壮首先要对古树的矿物质营养元素的平衡与古树的生长关系进行分析。

(一)古树的营养元素吸收诊断

可通过放射性P32元素追踪试验分析。试验证明，古树在养分吸收输导上有其自身的特点和规律。如：

1.侧柏与刺槐在输导养分的速率上差异较大。在同等条件下，刺槐的输导速率为每天50cm~67cm。

2.树龄对植物营养吸收和输导有较大影响。在同等条件下，当小刺槐的输导速率为每天67cm时，成年刺槐输导速率只有每天50cm；壮年侧柏输导速率为每天36cm时，古侧柏只有每天24cm~28cm。

3.空气湿度大，蒸发量低，树木的输导速率慢。古侧柏在吸收输导养分上更多地依赖蒸腾拉力。

古树复壮现场

因此，古树复壮养护工作应结合这些特点，加强古树生理和古树营养平衡诊断。

(二)扫描电镜对古树叶表面、断面结构及元素进行能谱分析

叶是古树重要的营养器官。古树的光合作用、呼吸作用及蒸腾作用都是靠叶完成的。叶片数量的多少及颜色的好坏直接反映出古树的生长状况，但这只是外观表现的定性描述。通过电镜扫描可以进一步观察分析叶表面及断面结构的变化特点，通过叶表面断面的元素能谱扫描分析，可对比不同生长状况的古树，以获取有关古树生长衰弱的理论依据。以古油松、古侧柏、古白皮松为研究对象进行如下分析：

1.叶表面、断面结构的分析

三种古树的对照树与濒危树的叶表面气孔没有显著差别，气孔的大小与分布区域都一样。其中，油松、白皮松针叶上的气孔都整齐地排列在叶的背面和腹面。而且，每一针叶至少有五排纵向排列的气孔带，无堵塞现象。侧柏气孔分布在每一片鳞状叶的中部，气孔排列不整齐。

从三种古树的叶断面观察，濒危树与对照树的气孔无大的差别，但断面中部的维管束组织有差别。对照树结构紧密、清晰，濒危树则结构松散，许多树脂道被堵塞。

2.叶表面、断面的X射线能谱分析

三种古树的濒危树Fe峰、Ca峰均小于对照树，则Fe、Ca元素含量下降，可直接影响古树的生理活动。

濒危的N、P、K元素均不同程度地高于对照树，Na含量过高则产生毒害作用，P、K含量过高则导致弱势树大量结实，更加衰弱。

(三)古树叶肉细胞超微结构及X射线微区分析

古树的衰弱濒危是古树整个机体外部形态、内部结构及生理机能发生衰退变化的总现象，是一个复杂的问题。叶肉细胞里的叶绿体、线粒体等细胞则是古树生理活动的直接场所，它的功能衰退及结构的变化，将直接影响古树体内的代谢平衡，并最终影响古树的正常生长。X射线微区分析既能观察样品的超微结构，同时又能分析矿物质元素在古树细胞、亚细胞的水平分布与含量，是研究矿物质元素与古树衰弱、生长之间关系的进一步依据。

1.叶肉细胞叶绿体超微结构观察分析

在古油松、古柏、古白皮松的对照树与濒危树叶肉细胞中，叶绿体的超微结构有着显著的差别。三种古树对照树叶肉细胞的叶绿体，其类囊体片层很丰富，排列整齐，机粒发达。相反，濒危古树的叶绿体的膜胀、裂解，类囊体片层稀疏，在严重濒危古树中的叶绿体甚至整个膜系统崩溃。

在对照树的叶肉细胞超微结构里，颗粒很少，体积也很小，而濒危树中这种颗粒体积很大，而且数量很多。这种颗粒是一种大分子复合体，其结构和功能目前尚不清楚，日本的有关研究指出它普遍地与叶片衰老密切相关。

对照树的叶绿体中淀粉粒的体积很小，而濒危树种尤其是严重濒危古树的叶绿体中淀粉粒体积显著增大。

对照树叶肉细胞中叶绿体的数量多，常有大量幼小的叶绿体。而濒危古树叶肉细胞中叶绿体的数量较少，很难发现幼小的叶绿体，而且有的叶绿体由于颗粒的增大，引起叶绿体结构变化，收缩成畸形，外被膜与内结构均被破坏。

2.叶肉细胞透射电镜能谱分析(古白皮松)

应用电子探针能谱分析测定矿物质元素在对照树与濒危古树之间有明显的差别。在濒危树种的叶肉细胞中，K在叶绿体里的含量明显低于对照树。缺K的叶绿体一般含有较大的淀粉粒，使古树光合作用下降，抗性降低，容易衰老死亡。对照树中Mg的相对重量比占11%~25%。Ca在对照树叶肉细胞中的峰值比较高，而在濒危树中则较低。

在濒危树中测不到Cu峰和Zn峰，而在对照树叶肉细胞的叶面扫描分析中能收集到Cu峰和Zn峰。还能收集到明显的Ti峰，但濒危树与对照树的Ti峰值低。

(四)古树挥发性物质的研究探索

此项研究正在开展中。通过初步研究，在衰弱的古树周围捕捉到大量挥发性物质，在松柏类的芳香物质中，a-侧柏烯比对照树明显增多。

(五)矿物质营养元素定量分析指导古树复壮

古树矿物质营养元素的定量分析结果表明：元素过多或过少都不利于古树的正常生长，根据元素的标准含量和平衡关系，可对不同生长状况、不同条件下的古树进行不同措施的复壮。

古柏仿真支撑

用PICUS诊断古树健康状况

广州地区绿化委员会办公室　　吴　敏　康毅全

广州市园林科学研究所　　　　　夏　聪　黄华枝

PICUS 弹性波树木断层画像诊断装置是一种衡量和定位树木木质部腐烂的工具。经用 PICUS 探测和视觉观测评价 17 棵树的 23 个横截面，发现 PICUS 在定位树干外部可见树洞和内部空洞方面、测量腐烂树洞宽度与深度方面准确率较高。

古树名木健康状况评估一直是凭借经验来判断，即看、敲、握、舔、嗅。但是，对于其内部状况并没有一个更为直观的判断依据。随着电学、声学等技术的发展，各类科学仪器开始应用于古树名木健康状况评估的研究当中。德国 Argus Electronic Gmbh 公司基于健康及受损树木的木质部对声音的不同传导特性，研制出了 PICUS 弹性波树木断层画像诊断装置。该装置被认为是一种衡量和定位树木腐烂程度的非侵害性仪器。它通过记录分析声波传导在不同类型木质部上的速度差异，产生一张树木横截面的二维断层诊断图像，来评估树木的内部状况。Elizabeth A. Gilbert(2004) 在白桦树和山核桃属植物上应用 PICUS 弹性波树木断层画像诊断装置进行探测，并在探测之后，将所测试的树木进行砍伐，测量实际结果。两者对比，误差仅在 -3% 至 -8% 之间，准确率较高。目前，该装置已在德国、英国、新西兰以及北美等国家和地区得到使用。

在 2006 年至 2008 年，我们将 PICUS 弹性波树木断层画像诊断装置应用于澳门、广州、东莞等地古树名木健康状况的评估应用研究当中，选择有代表性古树名木进行探测，并与视觉观测的结果进行对比验证，判断其准确性。现将试验结果初报如下：

一、材料和方法

材料　由德国罗斯托克 Argus Electronic Gmbh 生产的 PICUS 弹性波树木断层画像诊断装置 (下简称 PICUS)。

测试树木是位于东莞、澳门、广州三地的古树名木或大树。

方法，按照仪器附带的说明书进行操作。PICUS 由一套传感器组成 (典型 8~12 个)，用皮带固定在树干上，探测器将单独通过平头钉与树干建立声导联系，平头钉应穿透树皮并固定在树木的第一年轮处。在测量过程中，通过小榔头轻敲每一个传感器，人工产生声音讯号，其他的探测器感应并记录声音在树木中的传播时间。小榔头必须有三次的有效敲击。PICUS 分析软件会测量小榔头对传感器的每次敲击的传播时间。通过测量传感器之间的距离，可见的声音速度被系统软件计算。使用这些数据，一棵树横截面的断层诊断画像被画了出来。树干横截面不同的声波传导特性以不同的颜色表示。即深色 (深色以及棕色)

代表高声导速率区域，即健康区。紫色、蓝色至浅蓝色代表低声导速率区域，即腐烂区。绿色出现的区域是在健康木质部和腐烂之间的过渡区域，并且不被认为是腐烂。腐烂被定义为木质部缺少或者松软，能被手指压力压陷。

对古树名木树干外部可见树洞的位置、宽度及深度、内部存在空洞或白蚁危害侵入的位置采用先进行外部观察与记录，然后应用PICUS选取有针对性的树木横断面进行探测，最后进行两者相关数据的验证，判断其准确性。

二、实验结果与分析

（一）树干外部可见腐烂树洞的树木探测

在实际的调查研究中，选择7株外部可见腐烂树洞的树木，进行了9个横截面的探测验证。树种为樟树(Cinnamomum camphora(L.)Presl)1株，芒果(Mangifera indica L.)2株，红车(Syzygium rehderianum Merr.et Perry)2株，南岭酸素(Spondias lakonensis)1株，龙眼(Dimocarpus longgana Lour.)1株。选择存在腐烂树洞的横截面进行探测。先安装好PICUS的传感器，记录下在腐烂树洞洞口两侧的传感器的号码，并观测该横截面腐烂树洞的宽度和深度。探测完毕后，检查PICUS分析软件生成的树横截面的断层诊断画像，记录下画像中显示的腐烂所处位置两侧传感器的号码，并测量该位置的该横截面腐烂的宽度和深度。将观测结果与探测结果进行比对，观察腐烂树洞洞口的位置是否吻合(表1)，以及树洞的宽度与深度的偏差(表2)。

表1 树洞洞口位置的探测验证表（树木相同的横截面）

树种	编号	位置	探测器数量	测试高度 (cm)	观测结果	探测结果	是否吻合
樟树	1	东莞机关幼儿园	9	110	7~8号	7~8号 3~4号	是
芒果	2	东莞万江区石美镇樊郯村	6	60	5~6号	5~6号	是
芒果	3	东莞大岭山镇大塘朗村委会	10	70	4~5号	4~5号	是
红车	4a	东莞大岭山镇新塘村委会	8	60	2~3号	2~3号	是
红车	4b	东莞大岭山镇新塘村委会	8	100	2~3号	2~3号	是
红车	5a	东莞大岭山镇新塘村委会	8	60	2~3号	2~3号	是
红车	5b	东莞大岭山镇新塘村委会	8	100	2~3号	2~3号	是
南岭酸素	6	东莞大岭山镇新塘村委会	6	130	2~3号	2~3号	是
龙眼	7	澳门石排湾公园	6	120	5~6号	5~6号	是

备注:观测结果中的"~号"指的是腐烂树洞洞口两侧的PICUS传感器的位置。探测结果中的"~号"指的是PICUS断层诊断画像中显示的腐烂边沿两侧的PICUS传感器的位置。

从表1中可以看出，7株树9个横截面的树洞位置的观测结果与探测结果是相吻合的。只是编号1的樟树，探测结果显示该树所探测的横截面除了7～8号之间存在腐烂以外，3～4号之间也存在腐烂。分析其原因可能是因为樟树表皮太厚，影响了对另一边木质部腐烂的观察。

表2　腐烂树洞的宽度与深度的探测验证表（树木相同的横截面）

树种	编号	观测结果（cm）宽度×深度	探测结果（cm）宽度×深度	偏差		备注
				宽度偏差	深度偏差	
樟树	1	10×75	13.5×81	+3.5	+6	
芒果	2	12×30	7.8×40	-3.2	+10	
芒果	3	10×100	20×123	+10	+23	
红车	4a	30×70	29×72.5	-1	+2.5	
红车	4b	25×55	26×65	+1	+10	
红车	5a	30×40	16×59	-14	+19	
红车	5b	30×40	15×60	-15	+20	
红车	6	10×30	6.8×40	-3.2	+10	
龙眼	7	5×（-）	7×39	+2	（-）	树洞被水泥封住。

　　备注：1.观测结果中的"宽度×深度"指的是腐烂树洞所探测横截面的测量树洞洞口宽度和深度。探测结果中的"宽度×深度"指的是PICUS断层诊断画像中显示的腐烂的宽度和深度。2.偏差中的"-"表示探测结果比观测结果小；"+"表示探测结果比观测结果大。"(-)"表示该结果没有进行测量和比较。

　　从表2中可以看出，除了编号7的龙眼树因无法观测到树洞的深度而未进行比较外，其他6株树8个横截面的探测结果中的腐烂深度要比观测结果的树洞深度大2.5cm~23cm。分析造成此结果的原因，可能是由于树洞周围的木质部也已出现不同程度的腐烂，因而探测结果比观测结果要大一些，这也与我们在古树树洞修补时所发现的情况相符。

　　而树洞的宽度方面，除了编号3与编号5偏差在10cm以上外，其他5株树的7个横截面的探测结果与观测结果相比，偏差仅在-3.2cm~3.5cm。分析造成编号3的偏差达+10cm的原因，可能是树洞洞口两侧的木质部实际上已经腐烂，但是芒果皮层较厚使肉眼无法观测到这点。分析造成编号5的偏差为-14cm和-15cm的原因，可能是由于在该树洞的洞口之间仍存在着健康的树干木质部，因而导致了探测结果比观测结果要小。

（二）树干内部存在空洞的树木探测

　　在实际调查研究中，选择10株内部存在大空洞的树木，进行了14个横截面的探测验证。其中芒果(Mangifera indica L.)2株，秋枫(Bischofia javanica Blune)2株，木棉(Bombax malabaricum DC.)1株，华南皂荚(Gleditsia fera(Lour.)Merr.)2株，樟树(Cinnamomum camphora(L.)Presl)1株，刺桐(Erythrina variegata var.orientalis)1株，凤凰木(Delonix regia (Boj.) Raf.)1株。首先确认所探测树木横截面存在空洞，然后应用PICUS仪器进行探测。探测完毕后，检查PICUS分析软件生成的树干横截面断层诊断画像，判断内部是否存在大的腐烂，并将该探测结果与观测结果进行比对，看结果是否吻合（表3）。

表3　内部空洞的探测验证表（树木相同的横截面）

树种	编号	位置	探测器数量	测试高度(cm)	观测结果	探测结果	是否吻合
芒果	8a	东莞南城镇周溪村	7	45	存在	存在	是
芒果	8b	东莞南城镇周溪村	7	80	存在	存在	是
秋枫	9a	东莞万江蚬涌梅花墩	8	40	存在	存在	是
秋枫	9b	东莞万江蚬涌梅花墩	8	70	存在	存在	是
芒果	10	东莞万江区石美镇樊郏村	6	130	存在	存在	是
木棉	11a	东莞东城区樟村	9	120	存在	存在	是
木棉	11b	东莞东城区樟村	8	200	存在	存在	是
秋枫	12a	东莞企石镇旧围村委会	10	170	存在	存在	是
秋枫	12b	东莞企石镇旧围村委会	11	240	存在	存在	是
华南皂荚	13	广州黄花岗公园	10	130	存在	存在	是
华南皂荚	14	广州黄花岗公园	8	125	存在	存在	是
樟树	15	澳门肥利喇亚美打大马路	8	130	存在	存在	是
刺桐	16	澳门白鸽巢公园	8	130	存在	存在	是
凤凰木	17	澳门士多纽拜斯大马路	7	120	存在	存在	是

备注：观测结果中的"存在"表示树木所探测横截面的内部存在空洞；探测结果中的"存在"表示树木所探测横截面的 PICUS 断层诊断画像中显示存在腐烂。

从表3中可以看出，所进行探测验证的10株树、14个横截面的探测结果与观测结果是相吻合的。观测结果中存在内部大空洞的树木，其探测结果都显示树木的横截面存在大面积腐烂，结果基本一致。

三、讨论

（一）PICUS 的作用

PICUS 利用声波对树木的木质部进行探测，可以得出树木整个横截面的断层诊断画像，并可以从断层诊断画像上识别树木横截面所存在腐烂的大小与位置。与实际的观测相比，PICUS 探测的结果有比较高的准确性，尤其是用于腐烂的定位。不论树木的横截面存在多大的空洞，PICUS 都能探测到它。特别对于无法从外部观测的树木内部空洞，PICUS 也能很好的探测到，并能从断层诊断画像中分析空洞的大小。

在实际探测中，还可以结合外部观察，利用 PICUS 辅助定位白蚁 (Coptotermes formosanus Shiraki) 侵入树木的位置，以及所侵入位置的危害程度。

（二）野外操作中所存在的问题

PICUS 在野外操作中，对于树木的横截面是圆形或椭圆，只需要测量圆周或最宽平面和最窄平面的直径就行了，并且探测结果准确度很高。但是，如果树木的横截面在形状上是不规则的，那么在现场确定树木的横截面的几何形状十分困难，只能近似地进行确定。这对结果的准确度存在一定影响。同时，平头钉子钉入的深度会对树木的横截面的几何形状造成一定的影响。因此，本研究中所选择的树木都是横截面比较规则，同时进行的也都是最直观的分析。而且由于无法视觉上观测到树木横截面上腐烂树洞的大小比例，所以也并没有进行这方面的验证，有待于以后进一步深入研究。

PICUS 软件中有"Free shapes"选项用于产生准确的横截面图形，但是在实际操作中很难得到有效准确的操作，除非把树木砍掉之后进行修正。

目前，德国 Argus Electronic Gmbh 公司已研究开发出一种大电子卡钳。用卡钳测量的数据将被直接发送到 PICUS 程序，生成横截面的几何形状。这样探测的结果将更加准确。

古树健康状况评估

古树生长环境的土壤质量评价方法

上海市绿化管理指导站　　傅徽楠　　王　瑛

在影响古树生长的诸多生态因子中，土壤是树木赖以生存的物质基础。土壤质量的好坏，尤其是土壤理化性质的好坏，直接影响到树木的正常生长。系统性地对古树生长环境中的土壤因子状况进行调查、分析与评价，是形成与制定促进古树良好生长以及复壮技术措施的重要科学依据。现将上海市古树生长环境的土壤质量评价方法介绍如下：

一、确定古树树种土壤样点

上海地区的古树树种主要是银杏、香樟，据统计约占全部古树的60%左右。根据上海古银杏、古香樟分布状况，数量与龄阶结构以及生长情况，确定对4个龄阶、25株古银杏、7株古香樟的周边土壤状况进行抽样测试。具体样点分布见表1。

表1　古银杏、古香樟的土壤取样分布状况

编号	地点	树种	树龄/a	编号	地点	树种	树龄/a	编号	地点	树种	树龄/a
0005	松江	银杏	1000	0104	闵行	银杏	400	0486	松江	银杏	100
0006	松江	银杏	1000	0105	青浦	银杏	400	0492	闵行	银杏	100
0007	奉贤	银杏	1000	0128	金山	银杏	400	1439	长宁	银杏	100
0011	奉贤	银杏	800	0164	浦东	银杏	300	0780	松江	香樟	400
0014	松江	银杏	750	0225	闵行	银杏	250	0810	佘山	香樟	100
0027	青浦	银杏	650	0258	宝山	银杏	200	0811	佘山	香樟	100
0047	南汇	银杏	600	0271	嘉定	银杏	200	0848	长宁	香樟	100
0056	闵行	银杏	500	0276	浦东	银杏	200	0793	黄浦	香樟	100
0076	宝山	银杏	450	0277	松江	银杏	200	0822	卢湾	香樟	100
0077	松江	银杏	450	0323	闵行	银杏	200	0863	静安	香樟	100
0086	浦东	银杏	450	0417	浦东	银杏	100				

二、样品的采集与处理

在抽样古树冠幅内，分别按东南西北方向挖土壤剖面坑3~4个，在深度约40cm处根据测定需要，采用环刀、铲子铲取土壤样品。将样品摊薄晾放于室内通风阴凉处，待风干后磨细，按四分法分别过18号、60号、100号筛处理，用于不同参数的测定。

三、测定方法

测试指标为土壤密度、含水量、非毛管孔隙度、毛管孔隙度、pH值、电导值、有机质、全N、全P等。

含水量，采用烘干法测定。密度、通气孔隙度，采用环刀法测定。pH值，采用2.5:1水浸提电位法。电导率(EC值)，采用5:1水浸提电导法。有机质，采用重铬酸钾法。全N，采用高氯酸－硫酸消解，Skalar－流式分析系统测定。全P，采用高氯酸－硫酸消解，Skalar－流式分析系统测定。

四、土壤测定分析

(一)土壤的含水量和密度

土壤含水量和土壤密度是最基本的土壤物理性质。土壤中的水分是植物吸收水分的主要源泉，也是植物吸收养分的主要介质。

根据表2可知，上海古树的土壤含水量除佘山山上在12%以下外，其余地方的含水量大部分在14%~20%之间，有6个样点的含水量超过21%。从调查情况和测试结果来看，对古树土壤的含水量影响最大的因素是周边环境。古树周围有水系的，土壤的含水量高，如松江0005、0077，金山0258。这3个古树样点周围都有小河，土壤含水量均达20%以上，但由于古树长期对高水位环境的适应，对其生长已没有明显影响。虽然原先地下水位并不很高，但是由于古树周边开发建设，破坏了原来的排水系统，导致排水不畅，形成较高的地下水位，引起土壤含水量高，从而引起古树生长不良。

土壤密度测试表明，目前古树的土壤密度，大多超过上海市规定的栽植土质量标准(密度≤1.35g/cm³)。25个古银杏样点中只有9个样点达到标准，达标率仅为36%；7个古香樟样点中只有4个达到标准，达标率为57%。上海的土壤属于黄棕壤，因而古树土壤密度的偏高，将会影响古树的正常生长。

(二)土壤通气孔隙度

测定结果表明，古香樟的通气孔隙度在5.1~9.8；古银杏的通气孔隙度在3.7~18，仅有5个样点的通气孔隙度低于5%。由此可见，大部分测试古树的土壤通气孔隙度达到上海市规定的园林土壤通气孔隙度≥5.0%的质量标准。

(三)土壤pH值

上海地区绝大部分土壤pH值的分布范围在7.0~8.5，属于中性偏微碱性土壤。从表2可知，除佘山一个点pH值小于7.0，呈酸性外，其余古树测试样点的pH值均大于7.0。pH值在7.5~8.3范围内变化的样点，占总数的75%；pH值大于8.3的有3个样点，占总数的0.94%。

表2　古银杏、古香樟的土壤理化特征

编号	样点	树种	含水量/%	密度/g(cm)³	通气孔隙度/%	pH	电导率/ms·cm⁻¹	有机质/%	全N/%	全P/%
0005	松江	银杏	20.25	1.45	3.9	8.2	0.21	0.713	0.016	0.050
0006	松江	银杏	17.33	1.40	7.6	8.0	0.08	1.512	0.030	0.032
0007	奉贤	银杏	15.29	1.30	9.7	8.0	0.11	0.899	0.018	0.065
0014	松江	银杏	18.23	1.41	3.7	7.6	0.24	2.298	0.033	0.100
0027	青浦	银杏	20.52	1.31	9.4	7.4	0.27	3.825	0.034	0.063
0011	奉贤	银杏	14.07	1.23	5.6	8.4	0.11	0.96	0.026	0.041
0047	南汇	银杏	18.11	1.32	9.6	8.0	0.12	2.101	0.058	0.061
0076	宝山	银杏	14.41	1.36	9.2	7.9	0.28	1.155	0.023	0.036
0104	闵行	银杏	11.49	1.50	5.4	8.3	0.17	1.349	0.025	0.070
0077	松江	银杏	24.22	1.22	18.0	7.9	0.16	1.038	0.020	0.071
0128	金山	银杏	19.96	1.33	6.8	7.6	0.13	1.975	0.024	0.040
0105	青浦	银杏	17.62	1.32	10.4	7.3	0.16	1.733	0.024	0.029
0277	宝山	银杏	11.56	1.20	11.5	7.9	0.17	1.739	0.026	0.044
0323	嘉定	银杏	19.55	1.41	6.7	8.1	0.30	0.967	0.012	0.036
0486	松江	银杏	20.42	1.39	5.0	8.6	0.12	0.607	0.013	0.052
0258	金山	银杏	25.49	1.22	5.0	7.8	0.35	1.616	0.035	0.039
1439	长宁	银杏	21.80	1.41	6.3	8.2	0.17	1.749	0.012	0.059
0225	浦东	银杏	18.85	1.53	6.7	8.2	0.13	1.558	0.023	0.035
0164	浦东	银杏	21.35	1.41	4.4	8.4	0.18	2.167	0.026	0.063
0086	浦东	银杏	20.96	1.39	6.2	7.8	0.18	1.070	0.017	0.101
0417	浦东	银杏	19.89	1.41	6.2	8.2	0.37	1.262	0.103	0.022
0056	闵行	银杏	22.04	1.39	6.6	8.2	0.20	2.252	0.046	0.112
0276	闵行	银杏	20.53	1.39	6.5	7.9	0.18	2.458	0.059	0.095
0492	闵行	银杏	21.75	1.49	4.3	7.9	0.16	1.160	0.041	0.134
0271	闵行	银杏	19.75	1.40	5.9	7.2	0.29	2.722	0.135	0.141
0780	松江	香樟	15.55	1.31	5.1	7.8	0.24	3.878	0.024	0.115
0810	佘山	香樟	11.33	1.28	7.6	7.3	0.06	2.757	0.032	0.024
0811	佘山	香樟	10.05	1.29	9.8	5.5	0.08	1.504	0.038	0.043
0848	长宁	香樟	13.58	1.45	5.9	7.9	0.09	0.749	0.017	0.029
0793	黄浦	香樟	13.68	1.43	6.8	8.0	0.25	1.261	0.012	0.024
0822	卢湾	香樟	17.83	1.29	5.8	7.6	0.16	2.333	0.025	0.038
0863	静安	香樟	18.98	1.46	9.8	8.3	0.15	1.201	0.015	0.038

这表明古树分布区域的土壤除个别表现为强碱性外,大多数与上海地区土壤的pH值分布相近,属于中性偏微碱性土壤。

(四)土壤电导率值

上海市绿化土壤质量标准规定,栽植土EC值应在0.1ms/cm~0.5ms/cm,即当土壤EC值大于0.5ms/cm时,土壤易发生盐渍化。盐渍化土壤上的植物由于土壤溶液的渗透压太高,根部对水分和养分的吸收遇到困难,影响植物的正常生长。目前测试的32棵古银杏、古香樟样点中,土壤EC值均低于0.5ms/cm。其中古银杏土壤的电导率主要分布范围在0.08ms/cm~0.37ms/cm、古香樟土壤的电导率在0.06ms/cm~0.25ma/cm,均有利于古树的生长。

(五)土壤有机质和氮、磷含量

土壤中氮供应不足,会使古树的叶子颜色变淡、变黄,加速古树的衰老。磷供应不足则会影响根系的生长,同样影响古树的生长。上海农业土壤的有机质平均含量为2.67%,氮素含量在0.1%~0.2%,全磷含量的变动范围在0.043%±0.112%。从表2可知,所测试的32个样点中,有3个样点的土壤有机质含量在2.67%以上,其余均低于此值。有26个样点超过上海市绿化土壤质量标准(有机质≥10g/kg),合格率为81%,但低于农业土壤中的有机质含量。氮的含量普遍较低,除极个别外,大多在0.1%以下。磷的含量也普遍较低,磷含量超过0.046%的样点不到50%。

五、土壤测定结论

以古树土壤测定分析的结果为依据,确定保护古树土壤的有效措施。

一是加强管理,减少人为对古树周围土壤的破坏。如在树下烧香、游览、行驶车辆,树旁堆积客土等等。

二是注意监控古树周围土壤的pH值,尽量使古树处在中性的土壤环境中,促进其正常生长。

三是定期对不合格的土壤施用有机肥。采取有效措施,将落叶尽量保留在古树土壤中,以提高土壤中的有机质和氮、磷含量,极大地改善树木的生长条件。

四是因古树生长所要求的土壤环境和农业、园林有很大不同,应加强科学研究,以便更好地了解古树土壤的特征及其对古树生长的影响。

技术人员实地调研古树生存环境

古树保护的几种复壮方法

厦门市同安区绿化办　黄延安

古树是有生命的"古董"，同样要经历生长、发育、衰老和死亡的过程，这是必然的客观规律。随着树龄增加,古树生理机能逐渐下降,根系吸收能力越来越差,导致树势衰弱。根据我区目前古树生长情况看，古树衰弱有3种类型：

一是树冠中心衰弱型。由于古树长年离心生长，在支撑根上生长的发育根和吸收根远离树的中心。以树干为中心到树冠垂直投影1/2处为半径的范围内，发育根和吸收根明显减少，如供给树冠顶部中心生长需求的大根、粗根衰弱或死亡时，则树冠呈现下部外围强顶部中心衰弱的状况。

二是树冠外围衰弱型。这是古树典型向心生长的衰弱症状，出现树冠下部枝、外围枝逐步衰弱或枯死，树冠垂直投影外围根系呈萎缩状衰弱或死亡，而树冠垂直投影内新的发育根和吸收根有所增加。

三是整体衰弱型。这是古树衰弱的综合症状，表现为树冠整体枝叶稀疏，年发枝量小而弱，主大根腐坏，根系无明显发育吸收根群。

针对以上三种类型，按照因地制宜、因树保护、因树复壮的原则，主要采用以下几种复壮方法：

一、利用营养坑诱发根系、根群生长

根据古树的生长势，在树冠下不同位置和方位挖长80厘米~100厘米，宽30厘米~40厘米，深70厘米~80厘米的坑3个~5个，回填碎石块或粗沙约10厘米，改善深层土壤透气功能，排除根部土壤中多余水分。把高温消毒鸡粪（或鸭粪）与重阳木树叶1:3，拌入2%过磷酸钙和2%呋喃丹，混合后填入坑中踩实，剩余土围堰以利浇水。第一次浇水时可适量加入微量元素，如活力素、稀土氨基酸等营养液。据同安区T0408重阳木（树龄300年）的营养坑复壮监测，当年吸收根明显增多，第二年吸收根向发育根发展，新生吸收根呈网状分布，最长达30厘米，根系吸收能力显著增强。

二、靠接新植株发展新根系

选择与古树相一致的品种，取地径3厘米~5厘米的苗木3株~4株，分别种植在靠近古树根部的不同方位。成活后将新植株靠接在头部根茎处或主干上，保留适量枝叶促进嫁接处愈合和新植株根系发展，经1年~2年接口完全愈合过渡完整后，切断新植株接口以上茎干，加以养护，培育出新的根系、根群，恢复古树生长势。

37

三、改善土壤理化性质，增加土壤肥力

古树在一个地方生长百年以上，其周边水土流失，土壤肥力下降，土壤结构和透气性差，有益微生物活动减弱，营养元素单一，滋生有害病菌，不利于古树健康生长。因此，必须改善土壤理化性质。首先要在保护好根系或避免伤及根系的情况下，做好取土换土工作，同时要挖放射槽，埋枝条捆，增加土壤透气性能。其次要增施腐熟有机肥，尽量避免用化肥，薄肥勤施，均匀施用，增加土壤肥力。

四、气根引根支撑法

具有气生根的树种，可以采用从高空引根支撑古树的方法，桑科榕属植物比较典型。这种方法是选择在树冠失衡，树体偏斜的支撑点，取原有气根进行引根支撑。引根材料采用方便操作的DN110PVC给水管。长度根据引根点离地面的距离而定，引根套管前先用锯板或电钻（钻头4毫米）把PVC给水管钻出若干孔（每米约4个~5个），有利于排水和气根通气生长。然后把PVC给水管装满70%的营养土，一端把气根套在管里加营养土，用木棍捣实，使气根与土壤密触，浇水后管中土面下沉再加满营养土，另一端固定在地面上，尽量与地面垂直。2年~3年后气根长粗扎入地下。在这期间加强肥水管理，气根不断增粗变成支干，起到支撑并发展新根系的作用。

五、输液

这是针对古树树势衰弱和发生严重病虫害而采取的复壮技术措施。补充P、K大量元素，Ca、Mg、S、Fe中量元素，Mn、Zn、B、Cl、Cu等微量元素，通常采用国光"吊针注射液"。其针剂肥料有磷酸二氢钾、活力素、盖天力、稀土氨基酸、硼锌铁镁肥等。病虫害防治输液主要选择内吸性农药，如久效磷、甲胺磷、氯马乳油、甲霜灵、甲基托布津等。

输液时间要求在树液流动期间（4月~10月）进行。输液方法采用钻孔吊袋输液。即用电钻，选择0.5厘米钻头，在根径处的不同方位钻3个~4个与树干成45度角、钻孔深4厘米~5厘米的孔。钻孔时应边钻边排除木屑，以防钻头发热破坏输导组织细胞。然后将配好的营养液、药液或混合液，吊袋挂在离输液孔高80厘米~100厘米处，排出输液管内残留空气，用力插入输液孔内，使液体不外流。天气炎热时输液袋要遮盖，以防暴晒，液体升温。

输液方法是施救复壮濒危古树和病虫害防治的一种补救措施，连年使用容易使木质部受损，影响树体对养分的正常吸收和运输。

六、其他措施

古树的保护复壮措施很多，要根据具体情况进行生长势判断和生长环境分析，找出衰弱原因，才能对症下药，达到保护和复壮的目的。如有些古树树冠失衡，重心不稳，为防台风袭击，雨天树体倒伏，必须组织支架进行支撑。同时要考虑树冠重心均衡情况，适当整形修剪。有些古树木质部、髓部腐烂形成树洞，输导组织受到破坏，影响水分和养分运输及贮存，支撑负载能力降低，必须采用填充法修补树洞。有些古树需要铺装地面透气砖进行地面保护处理；有些要防止日灼和冻害，采取树干涂白处理；有些地下水位高要埋盲管降低地下水位和排水排污处理。总之，古树保护和复壮要因地制宜，因树保护，因树复壮。

古树名木复壮养护措施

山东省潍坊市坊子区林业局　王中林

古树名木是一个国家或地区悠久历史文化的象征。它对研究当地的历史文化、环境变迁、植物分布等有着非常重要的意义，是一种独特的、不可替代的重要风景资源，常被誉为"活文物"、"活化石"和"绿色古董"。但由于各种原因，古树名木衰老死亡的现象时常发生。为此，要在进行系统调查分析的基础上，针对衰老古树名木发生的原因，提出综合性的复壮养护措施。

一、古树衰弱原因的调查

主要开展以下三个方面的调查：

（一）生长调查

1. 调查树冠与叶片发育情况。①冠幅完整情况。②树干与树皮受损情况、生长势。③观察叶片大小，叶色是否发黄，边缘是否起卷，是否有虫斑等。

2. 调查冠幅完整情况。主要是观察树木的内侧或下部与外围或上部树叶的生长情况；枝条修剪是否平整，树冠是否发生偏冠，是否有冠中枯萎或边缘枯萎情况以及产生的原因是否因为营养元素缺乏，根系部位不透气或有病虫害所致。

3. 调查树干与树皮受损情况。主要是观察树体是否有洞，内部是否空心、腐烂，腐烂物的堆积程度，是否有过处理，是否有冻害等。

（二）土壤调查

调查古树名木周围土壤的透水性是否良好，硬度是否适当，保水性是否良好，是否含有毒、有害物质，是否养分匮乏，酸碱度是否适当。

（三）根系调查

调查主根根系是否有腐烂，须根生长是否良好，是否有积水影响根系生长等情况。

通过以上调查分析，找出古树名木衰弱的原因。

二、古树名木的复壮措施

古树名木复壮养护，主要是通过提高其自身生理机能、抗逆能力，使古树不受或尽量少受外部因素的影响，达到古树真正复壮的目的。

古树名木复壮养护主要是对那些老龄、生长衰弱，但仍在其生物寿命极限之内的古树名木个体，运用科学合理的养护管理技术措施，使其生长器官重新恢复正常生长发育能力，以延续生命。古树名木复壮养护措施一般分地上复壮养护、地下复壮养护、养护管理和病虫害防治四部分。

（一）地上复壮养护措施。地上复壮养护措施是指对古树名木树干、枝叶等采取的保护措施，以促进其正常的生长发育。

1. 古树保护设施设置：

①设围栏。在古树名木的一定范围内建铁质或竹木的栅栏，防止人畜进入古树名木树盘。围栏一般要距树3米～4米远，或在树冠的投影之外。安装标志，标明树种、树龄、等级、编号，明确养护管理负责单位。设立宣传牌，激发群众保护古树名木的热情。

②建支撑。对由于年代久远、主干中空、主枝死亡，造成树冠失去均衡，树体倾斜、劈裂的古树，需架设支架支撑、吊拉。支撑：分软支撑与硬支撑两种方法。硬支撑所需钢管直径视受力大小而定，一般应为13厘米～16厘米。支撑所用的扣环宽不低于6厘米，垫层用橡皮或木块，使之受力均匀，支撑点要牢固，钢管入土部分不少于30厘米。吊拉一般适用于地势坡度较大、树体主干倾斜、树冠较大、易倒的古树。接地部分一般选在埋入土中的岩石或水泥桩上，接树部分一般要求部位适当，扣环加垫层后有适当的膨胀感，起到拉动效果。

③设避雷针。在空间空旷、周围无高大植物或建筑物的地区，尤其是雷区的古树名木，应设置避雷设施，以防雷击。若遭受雷击应立即将伤口切平，涂上保护剂。

2. 外伤修复措施。外伤修复是指对进入衰老年龄后的古树所受的各种伤害采取修复性的疗伤处理。常用的修复方法有四种。

①修创伤。对较深伤口，可在树旁栽小树靠接，利用幼树的生长吸取土壤水肥，或采用伤口上下部位"桥接"的方式复壮树体。也可以根据树干皮层破伤面的长度，剪取比它长5厘米～15厘米的枝条，在老枝干上方切一缺口，将接穗削成单楔子斜面，嵌入树干切口内，双方紧紧贴牢，扎紧。对由于雷击使枝干受伤的树木，应将烧伤部位锯除并涂保护剂。

②修裂皮。裂皮大多数是由日灼或虫害造成，可通过不间断地向树体喷湿或在树体阳面敷保湿垫，并结合使用伤口保护剂来处理裂缝。

③植树皮。即用同品种、同粗度的树皮补贴。首先将伤口切平、切光滑、消毒，再涂上生长激素，剪取与剥离部位同样大小的树皮，紧贴在树体伤口上，压平压实，使接缝紧密吻合，保持筛管道上下垂直连接，然后捆紧草席以防雨水侵入，并保温保湿。

④补伤口。先清理伤口，刮除腐烂木质和受感染的组织，喷洒1:15硫酸铜溶液消毒孔洞内外。树的洞口向上或洞口过大，可改变树洞形状，打孔安装管道以利排水。也可在涂过防水层的树洞口钉上木条或铁网，用油灰或白灰膏严密涂抹洞口，压上树皮纹，使树洞口与原来树皮基本相似。

3. 古树树洞修补措施。树洞修补是延长衰弱古树生命的一项有效措施。所用消毒材料为季铵铜(ACQ)，填充材料为同类树种的木屑、聚安脂、铁丝网和无纺布，封口材料为玻璃钢(玻璃纤维和酚醛树脂)，仿真材料为地板黄色料。常用修补方法有四种。

①丰字型法。对从上至下的特大树洞，须经过清腐、防腐处理，用丰字型柱体方式修补。方法是在树洞内竖"纵杆"作支撑，横"三杆"作树身的拉靠。制作横"三杆"的平面时

应注意向外倾斜，防止积水。有条件的还可制作人造树皮嵌装在外，效果更好。

②开放式法。如果树洞很大，给人以奇树之感，可采用此法，将预留树洞处理，作观赏用。方法是将洞内腐烂木质部彻底清除，刮去洞口边缘的死组织，直至露出新的组织为止，用药剂消毒，并涂上防护剂。同时改变洞形，以利排水，也可以在树洞最下端插入排水管。采用这种方法需经常检查防水层和排水情况，每隔半年左右重涂一次防护剂。

③封闭式法。对较窄树洞，即在洞口表面覆以金属薄片，待其愈合后嵌入树体封闭树洞。或将树洞经消毒处理后，在树洞表面钉上木条，再涂上石灰乳胶，形成仿真树皮或涂上绿漆。也可将树洞经处理消毒后，在洞口表面钉上板条，以油灰和麻刀灰封闭（油灰是用生石灰和熟桐油以1：0.35混合而成，也可以直接用安装玻璃用的油灰俗称"腻子"），再涂以白灰乳胶，颜料粉面，或在上面压树皮状纹或钉上一层真树皮，以增加美观。

④填充式法。填充物最好是水泥和小石砾的混合物。为加强填充材料与木质部连接，洞内可钉若干电镀铁钉，并在洞口内两侧挖一道深约4厘米的凹槽，再用填充物填充。填充物从底部开始，每20厘米~25厘米为一层，用油毡隔开、压实，每层表面都向外略斜，以利排水。填充物边缘应不超过木质部，使形成层能在它上面形成愈伤组织。外层用石灰、乳胶、颜色粉涂抹。为了增加美观，富有真实感，也可在最外面钉一层真树皮。

（二）地下部分复壮养护措施。 "树上生长看树下"，只有树下根系生长好了，才能给树上部分提供营养元素。地下复壮主要是通过改善地下古树根系生长的营养物质条件、土壤含水通气条件，并施用嫁接新根植物生长调节剂等措施，诱导根系发育，达到促使根系生长的目的。常用方法：

1.营养坑法。在树下挖直径40厘米~100厘米宽、深80厘米的坑，把挖出的碎石块等回填入坑中约10厘米，也可用碎树枝代替，(不能用对根有抑制作用的核桃树枝、桃树枝)，撒入植物落叶约5厘米、覆土5厘米压实，再把腐熟鸡粪1公斤~2公斤和树叶与3~5倍土混合后填入坑中踩实，剩余土围埯即可。在具体应用中，对树冠中心衰弱型古树，营养坑一般定点在树干与树冠垂直投影距离的1/2处；对树冠外围衰弱型古树，营养坑定点在树冠垂直投影的外缘。对整体衰弱型古树，营养坑定点应在树冠垂直投影线上，且营养坑数直径的总和应控制在树冠垂直投影周长的1/3左右，并注意避让，保护好大根。

2.复壮沟法。挖沟深、宽均为80厘米~100厘米，长度和形状因地形而定。沟内放复壮基质、树枝和增补营养元素，埋设通气管，树根助壮剂等，以改善古树生长环境，促进根系生长。具体方法是：施工位置在古树树冠投影外侧。从地表往下挖，纵向分为6层。表层为10厘米表土，第二层为20厘米复壮基质，第三层为树木枝条10厘米，第四层又是20厘米的复壮基质，第五层是10厘米树条，第六层为20厘米厚的粗砂。每沟施以香油渣1公斤，尿素25公斤。为了补充磷肥，可放入少量的动物骨头和贝壳等，覆土10厘米后再放第二层树枝捆，最后覆土踏实。如果树体相距较远，可采用竖向埋条，挖宽0.5米，深0.6米，长0.8米的沟，将扎成捆的枝条竖向放入沟内，然后覆土踏实。

3.树盘埋条。分放射沟埋条和长沟埋条两种。放射沟埋条是在树冠投影外侧挖放射状沟 4 条～12 条，每条沟长 1.2 米左右，宽 40 厘米～70 厘米，深 80 厘米。沟内先放 10 厘米厚的松土，再把剪好的苹果、海棠、紫穗槐、杨树等树枝截成长 40 厘米的段，缚成直径 20 厘米左右的树捆，平铺一层，上撒少量表土，最后填土踏实。长沟埋条是挖宽 70 厘米～80 厘米，深 80 厘米，长 2 米左右的沟，然后分层埋树条施肥，覆盖踏平。注意，埋条的地方地势不能过低，以免积水。

4. 埋入发泡。对一些土壤板结严重的地方，可结合耕锄松土埋入聚苯烯发泡（可利用包装后的废料发泡）。先将塑料撕成乒乓球或黄豆大小，数量不限，以埋入土中不露出土面为度。聚苯烯分子结构稳定，目前无分解它的微生物，故不会刺激根系，还有利于根系生长。

5. 松土换土。将古树名木一定范围内的土壤挖走，换上经消毒处理的营养土，增加根部的透气性。园林假山上不能深耕时，要查看根系走向，通过松土，结合客土覆土保护根系。换土一般在秋冬季节，结合施肥进行。具体做法是，在树冠投影范围内，对大的主根周围进行换土，深挖 0.5 米～1 米，但尽量不伤害主根，并随时对暴露出来的树根用浸湿的草袋盖上，换上由园土、腐叶土、锯末及少量复合肥组成的混合土，边填埋边踩实，且略高于原表土。

6. 打孔透气。对板结的地面打孔，或树冠投影下的地面覆盖由植物材料组成的碎木屑，或在人为活动较多的地面铺置特制的植草砖，以增加土壤的透气、透水、蓄水能力及土壤肥力。

7. 根系处理。有三种方法：一是施用生物制剂，如"根腐灵"，用活力素或生根粉等配水向根部及周围土壤浇灌，激活根系生长，增强树势。二是采用根系嫁接方法，挖开土壤，剪除受害老根，再从野生或苗圃内选取粗壮的树根，用切接法接在受害严重的老根上。三是对受伤较轻，但仍有较强活力和愈合力的侧根，可在改变土壤结构、加强肥水管理的同时，在古树根际附近，栽植同品种小树 3 株～8 株，用靠接法或倒伏接法进行嫁接，达到更新树根的目的。

8. 菌根菌剂复壮。即用古树根内分离内生型菌根菌，制成菌根菌剂，对生长状况较衰弱的古树复壮。经试验证明，菌根菌剂可使古树更好地吸收养分，非常适合雪松、白皮松、五针松、龙柏、桧柏等松柏类古树复壮。

9. 施激活剂。对丘陵区土层很薄，砖块、石砾层状分布厚，透气性和保水、保肥性差的土壤，可选用复壮基质 BGA 土壤激活剂（含有生物菌，具有固氮、解磷、解钾能力，能改良土壤结构，增强土壤透气性和保水保肥性）、凯因牌棒状肥、东北草碳土等。在衰弱古树树冠投影处挖 60 厘米×40 厘米×60 厘米放射状复壮沟 4 个～6 个，因树、因地制宜地埋入一种或多种复壮基质。

（三）养护管理措施。古树各个器官功能已经退化，吸收营养能力较弱，营养水分的运输能力也较弱，所以复壮技术一般侧重于营养供应，而保证古树有充足营养供应的关键措施就在于加强日常的营养管理。一般来说，日常养护管理的措施，主要有浇水、注射、喷施、修剪、防冻等七种。

1. 浇水。浇水是古树日常养护管理的重要措施。浇水要按时令节气的不同情况和需要适时浇水。如入冬的休眠水，开春的返青水等。每次浇水量要适当，不可太多或太少。浇水方法应采用喷灌或滴灌。

2. 施肥。施肥方法多种多样。施肥方法分根部施肥和叶面喷肥两种。对一些特别珍贵或生长衰弱的古树名木采用喷施肥料或调节剂的方法对叶面施肥；或将细胞分裂素、农抗120、农丰菌、生物固氮肥相混合，喷施叶面，快速补充树体营养，促进枝叶生长。对于生长较健康的古树，以在根际周围施有机肥为主。施肥方法：一般是在树冠投影部开沟（深0.3米~0.7米、宽0.7米~1米、长2米），沟内施入充分腐熟的有机肥15公斤~25公斤，或全价复合肥1公斤~5公斤，同时施硫酸亚铁。使用剂量按沟长1米、宽0.8米，施入0.1公斤~0.2公斤为宜。

3. 修剪。主要对一些枯老残树，受害虫严重侵染的枝条，衰老的下垂枝、竞争枝、徒长枝和根蘖条进行疏剪，促进衰弱部分生长健壮、旺盛。在一般情况下，整枝与修剪以保持原有树型为原则，以少整枝、少短截，轻剪、疏剪为主。尽量减少修剪量，减少伤口数。时间一般在冬季换土后进行。修剪病虫枝后，剪口应涂上"愈伤保护神"。

4. 树干注液。对于生长极度衰弱的古树，采用注射法，对树干注射活力素，或自行配制的注射液，也可用此法对古树进行杀虫，以增强古树生命活力，激活生长抗病抗逆因子。

5. 恢复植被。清除古树树冠投影下生长的乔、灌木和杂草，保留自然小草或种植固氮植物，增加生物多样性，为古树复壮创造丰富的营养物质和良好的生态环境。

6. 防冻防害。封冻前，在灌封冻水后，喷、涂或输"冻必施"液。

7. 疏花疏果。当古树在缺乏营养或生长衰弱时，常出现多花多果现象，这是植物生长的自我调节，但大量消耗营养会对古树造成严重的不良后果。疏花、疏果可采用化学药剂，如国槐，开花期喷施500mg/L萘乙酸加3000mg/L西维因或200mg/L赤霉素，喷药时间以秋末或仲春为好。

（四）病虫害防治。 古树衰老后，易招致病虫害，应坚持预防为主，综合防治的方针，定期检查，适时防治。使用农药应尽量采用低毒无公害的生物制农药，注意保护天敌，减少环境污染。常用的防治方法：

1. 浇灌法。利用内吸剂通过根系吸收，经过输导组织至全树而达到杀虫、杀螨的作用。如对树体高大、立地条件复杂、病虫害分散的古树，可采用在树冠垂直投影边缘的根系分布区内挖3个~5个深20厘米、宽50厘米、长60厘米的弧形沟，然后将药剂浇入沟内，待药液渗完后封土。

2. 埋施法。利用固体的内吸杀虫、杀螨药剂埋施根部的方法，以达到杀虫、杀螨和长时间保持药效的目的。方法与上面相同，即将固体颗粒均匀撒在沟内，然后覆土浇水。根施药量根据树干胸径大小确定。一般为胸径（厘米）×2公斤，松柏类约15天左右药剂能到达树冠的各个部位。如有病害伴生，可根据不同病害种类，有针对性地施入多菌灵或甲基托布津等内吸性杀菌剂，每株125公斤左右。也可结合浇水，加入由微量元素制成的营养液，每株250公斤。浇水应深达50厘米以上，1小时内渗完为佳，并覆盖薄土，防止鸟类饮水中毒。

3. 毒孔法。即对蛀干害虫施药。如果蛀孔木屑新鲜但蛀孔较少，可用棉签蘸具有熏蒸效果的敌敌畏插入，进行毒杀；如果蛀孔量多，可用经喷药处理的麻布片包裹树干。一般15天左右进行一次，连续3次。

古树名木损伤修复技术

安徽省广德县林业局　陈兴福

古树名木的生存条件、生活习性与生态环境较为复杂，经常会受到各种病虫害、大风、霜冻、雪害、日灼、冰雹等自然灾害及人为活动的损伤和破坏。对这些损伤和破坏，必须进行及时的修复。现就本地区古树名木常用的损伤修复技术和保护措施介绍如下。

一、倒伏古树的修复

倒伏分为轻度、中度、重度3种类型。按倾斜角度分为20度、30度、40度左右3种情况。

轻度倒伏对古树生长影响不太大，可以不修枝直接扶直。在倒伏的迎风面树基下部，挖1米深土坑，坑径以大树根的覆盖面外围为度（为树干径8倍~10倍），然后用人工或机械推拉，缓缓拉动扶直后再对倒伏面用立木及软物隔垫支撑。支撑木与倒伏树木的支点成25度~30度角，并绑成三角架支撑，最后把迎风面挖出的土壤回填，将根系舒展好，使之不团根、不窝根、不上翘，及时进行浇水盖草管护。

中度倒伏的古树要进行修枝整冠卸包袱。剪除或锯除大部分小枝和叶，减少扶直过程中树冠下坠的阻力和枝叶蒸发消耗水分。方法是先将迎风面的戗土挖除，挖坑范围要大于轻度倒伏树木的范围，注意不能伤大根，少伤须根。坑深应在主根区以下，然后用动力加人力将倒伏树推拉扶直，用双立木支撑在斜倒面两侧，分不同支点和高度进行两点或多点支撑、捆绑，支住主干或大侧枝，固定好树干，回填土埋根后分层夯实，立即浇水，连续浇3次透水，等根系稳合、新枝芽长出后，及时追施速效肥，辅之抗寒措施安全过冬。

重度倒伏的古树则要按重修枝、深挖穴、搞吊扶、支四周的程序依次进行。重修枝是剪掉大部分三级侧枝，减轻大树体内水分消耗及生理干旱萎蔫落叶等，并对大枝伤口喷杀菌剂再涂抹油漆封住伤口。然后，在迎风面深挖穴，在根部洒上生根粉，用吊车缓慢吊起扶直后，将根系舒展开进行分层覆土，深坑用肥土垫平。用立木支戗住扶直的树干，并对支架进行加固，达到风吹不动的效果。同时加强养护措施，缩短缓生期，促进恢复生长。

二、树干疗伤

树干疗伤方法可分为干枝伤口治疗和树洞修复两种：

（一）干枝伤口治疗 一般应在树干伤口初发期治疗，以促进伤口愈合，恢复树势。主要分三种情况治疗：

对于轻伤枝、发生抽条的枝干，在死活界限分明处切除。切口要光滑，清洗后要及时涂保护剂或涂蜡，以便伤口愈合，尽快萌生新枝。

对已腐烂的树干树皮，及时用快刀刮除腐烂部分，深达木质部，削平四周，扩展到健康部位，使皮层四周呈弧形。刮净后用毛刷均匀涂刷75%酒精或1%~3%的高锰酸钾，然后涂蜡或保护剂（动物油加松香和黄蜡溶化制成），也可用黏土和鲜牛粪加少量石硫合剂混合物制作涂抹剂，或用腐殖酸涂抹伤口表面，促进伤口愈合。

对劈裂或折伤的枝干，可把裂伤较轻的半劈裂枝干吊起或支起使其复原，并清理伤口处杂物，用消毒药剂消毒处理，用绳或铁丝捆紧，使伤口密合无缝，外面用塑料薄膜包严，半年后便可愈合解绑。也可用两个半弧圈构成的铁箍加固，中间用棕麻绕垫，用螺栓连接，随干径的增粗而放松。

（二）**树洞修复**　分为开放法、封闭法、填充法三种。对树洞大、形状奇特、可留作观赏的，用开放法。即将洞内腐烂的木质部彻底清除，刮去洞口边缘的死组织，直至露出新组织为止，用药剂消毒并涂保护剂，同时改变洞形，以利排水。也可在树洞最下端插入排水管排水。但要经常检查防水层和排水层情况，每年更新保护剂一次。

封闭法是将树洞消毒处理后，在洞口表面钉上板条。以油灰和麻刀灰封闭，表层涂上白乳胶，瓶料粉面。也可在表面压树皮纹或钉上一层真树皮，达到仿真自然的效果。

填充法是先在洞口内侧挖一道深约4厘米的凹槽，然后选用水泥和石砾的混合物作填充物对树洞进行填充。填充物边缘应不超过木质部，每25厘米为一层，用油毛毡隔开，每层表面向外略倾斜以利排水，压实后钉若干电镀铁钉。

三、树干涂白

树干涂白可防害虫产卵和腐烂病、溃疡病的发生，延迟芽的萌动期，避免枝芽发生冻害。树干涂白剂常由水10份＋生石灰3份＋石硫合剂原液0.5份＋食盐0.5份＋油脂、粘着剂少许配制而成。使用时用毛刷蘸取涂白液均匀涂抹在树干上，高度以地径以上1米~2米为宜。

四、顶支

当古树树身倾斜、不方便扶直时，可将下垂的大枝设坚固金属、木桩等支柱支撑，尽量保持与周围环境协调一致。支柱与树干连接处应有适当的托杆和托碗，并加软垫，以免损伤树皮，并保持稳固不动，促使树干下垂的枝条逐渐向上直立生长。

为古树健康生长而拆除房屋建筑

古树移植及仿真技术

中国城市建设研究院教授级高级工程师　李玉和

改革开放以来，由于城市化进程加快，一些工程项目占地与古树发生矛盾，要求申请移植古树。按照国家古树名木保护管理文件规定，古树在一般情况下是不允许移植的。但是，省市重大工程项目属于特殊情况，是可以移植的，如修建火车站、地铁站等重要建筑项目。古树移植需办理申办手续。移植二级古树需向上级城市园林绿化主管部门申请同意后，上报省、自治区建设或林业主管部门审批。移植一级古树名木需经省、自治区有关行政主管部门审核，报省、自治区人民政府审批后，方可进行移植。古树移植是一项技术性很强的工作，必须严格按照操作技术规范要求移植。现就国内移植大树、古树的技术和经验介绍如下：

一、古树移植技术

（一）移植前的准备工作

1. 古树现地调查。　现地调查古树树种、胸径、长势、习性、地形、土质等，为设计单位能否掘土坨，确定土坨直径、修剪方法和栽植地改土方案等提供依据。

2. 运输路况调查。　主要调查运输线路的路面、弯道、桥高、涵高等状况，为制定运输方案、保证古树运输安全提供依据。

3. 确定土坨大小。　土坨大小确定是以移植树种、胸径的大小、树种类型、耐修剪程度、生长习性、适应性强弱和移植前人工处理后发新根多少等为依据。如桧柏、侧柏、油松等常绿树移植需保留原树冠，要有大土坨与之相应；国槐、白蜡等适宜性强的树种耐重修剪，树坨可减小。

4. 选择移植季节。　古树在生长季节都可以移植，但在什么季节移植最好，应遵守以下原则：古树树体贮存物质和能量最多时期；古树自身消耗物质和能量最小时期；古树生长季节温度最低时期；古树土壤墒情最好时期。根据这一原则，古树移植季节最佳时间为春季。

5. 制定方案设计。　古树移植方案设计应选择具有移植大树和移植古树经验的园林工程设计单位承担。设计方根据古树移植技术要求和古树调查情况确定土球大小，对掘土坨、打包、装运卸、栽植及养护技术、工程用工、运输机械、施工安全和工程施工进行设计和预算。设计成果提交建设方4份文本和图纸。

古树移植设计方案，经专家评审并经上级主管部门批准后，方可施工。

（二）古树移植施工技术

古树移植按设计要求施工。在施工前首先标明树体朝向，进行树体修补、树冠修剪及在剪口、伤口涂上涂补剂、树干缠草绳、树冠喷抗蒸腾剂、绳索拢冠及树体支撑之后进行古树移植施工。

1. 掘土坨及包装。掘土坨时，先去表层根上表土，然后按树坨规格开槽、挖坨、修坨，保证坨不裂，表面平整。土坨包装根据土坨直径大小决定包装材料。一般做法是树坨直径2米以下用蒲包片包紧，草绳或麻绳捆牢；土坨直径2米至5米，用硬木木箱包装；树坨直径5米以上用钢板焊接包装。打包时安全掏底和包缝，要求土坨与包装物紧密牢固。

2. 装运卸。装车时，树坨朝前，放置平稳，树体喷水后上面遮盖雨布；运输时，开车做到平稳安全，防止树体受伤；卸车时，做到起吊平稳，保护树坨和树体完好。

3. 栽植。栽植时，起吊树体要平稳的让土坨入坑，树体栽植要使朝向和观赏面、树体竖直度、栽植深浅均符合要求。土坨经调整后拆除包装物，修剪劈裂根，用生根粉喷根或萘乙酸涮根，树坨周围用营养土、微生物肥与土混匀填入坑内分层压实，然后浇灌古树复壮液，表层覆土至平。土坑外围修埂便于适时浇水。因树体高大，支撑最好选用钢丝绳4根与树干呈45度角，上端套在树干上，用铁箍系紧，下端埋入地下，最后用紧线器将各绳调整至松紧适度。

（三）古树移植养护技术

从古树特殊需要出发，规定施工单位养护期为三年。为使古树栽后尽早成活和逐渐恢复树势，应及时采取补水、施肥、病虫防治、枝杈修剪和树体保护等养护技术措施。

1. 树体补水。栽后应及时浇足三遍水，此后还要做到适时浇水。为了能直接给树体补充水分，还可以采用树体打针注射或打吊瓶方法补水以及晴天上下午对树体各喷一次水。树上喷水最好安装微喷头装置，喷时水滴呈雾状，可做到树体补水、节水、增加空气湿度和降温的作用。

2. 树体施肥。栽后应采取叶面喷肥和树干上打针或吊瓶方法给树体补充有机、无机营养和活性物质。土壤施肥在栽后第二年春季施生物制剂肥、微生物肥和浇灌古树营养液。

3. 病虫害防治。要经常检查树上病情虫情，一旦发现要及时防治。

4. 树木修剪。对阔叶树要在养护到第二年春夏之际，将树冠上过密的萌条进行疏剪。

5. 树体保护。在初冬时节土壤表层铺一层保温材料提高地温，以利于延长根系生长时间。为防止伤害古树，在古树保护范围内安装护栏。在保护地面上栽植观赏植物。栽培植物种类应从各地乡土植物中选栽浅根性、适应性强、具有观赏效果的草本植物栽植。

（四）古树移植工程验收

古树移植工程验收由建设方请古树专家、上级园林绿化主管部门和施工方联合组织验收。验收期分为：工程竣工15日之内工程验收、养护三年期满后养护验收。

工程验收是按照古树移植设计方案和古树移植技术要求，到现场验收古树移植每道工序完成情况。工程施工经验收合格后，在古树移植工程验收单（验收单表格形式参考古树名木验收表）上填写规定内容和意见并签字盖章。

古树移植养护验收是按照古树移植养护技术和设计要求，进行养护技术和古树长势验收。经验收合格后，在养护验收单（验收单表格形式参考古树名木验收表）上填写规定内容和评语并签字盖章。

二、古树仿真技术

全国城市公园、寺庙和风景区等旅游观赏地都有一些古树树体腐朽成洞、枯枝死杈和死株，直接影响了景区的景观和安全。为提高古树的观赏和景观效果，从实际需要出发，对一些古树的残缺树体、死杈、死株、支撑物等进行特殊的技术处理，达到仿真的效果。目前，仿真类型主要有五种。

（一）**树干腐烂树皮仿真**　树干腐朽树洞等缺失处进行清理、消毒防腐、填充、表面处理和封缝修补后，在其表面上进行仿真。

（二）**死杈仿真**　死杈仿真是将死杈腐烂处进行清理，用季氨铜防腐消毒和用环氧树脂加固后进行树皮、小枝和叶子仿真。

（三）**死树仿真**　在死树上对树体大根、树干、枝杈表面进行清理和残枝清除，用季

假树仿真

氨铜防腐消毒，环氧树脂表层加固，然后对树干及枝杈树皮、小枝和叶子进行仿真。

（四）支撑物仿真　树体倾斜的硬支撑，做成树干形状，表面树皮仿真，其效果与被支撑树体干皮相似，以达到生态仿真的效果。

（五）假树仿真　在景点或室内大厅等处需作假树时，先用水泥和钢筋仿造某树种做成假树骨架，然后外表进行树皮、小枝和叶子仿真。

以上五种类型仿真树体和枝杈的仿真树皮，可采用几种原料混合做成仿真树皮，或用模具做仿真树皮，也可用真树皮仿真。

小枝仿真制作是选用与小枝颜色相近的塑料包在铁丝上，然后再将仿真小枝用铁丝绑在枝杈上。

叶子仿真，一般选用色布仿树种叶子的叶形和叶色制作叶子仿真。叶子在枝条上固定时，先将叶子粘在小枝上，然后用软细铁丝绑牢。

上述古树移植及古树仿真技术，难度大、科技含量高，在做此项工作时，要选择具有实践经验和较高技术水平的单位承担。

支撑柱仿真

古树防雷击设施的设计与安装

上海市绿化管理指导站　王　瑛　孙明珣

雷击是破坏古树的一个重要原因。雷电是大气或气团在气流作用下产生异性电荷的积累，使某处空气被击穿，电荷中和产生强烈的光、热的现象。雷电电压高达数百万伏，放电时瞬间电流可高达数十万安培。雷击不仅具有热效应(灼热的高温)、电效应(强大的电流)、猛烈的冲击波(机械损伤)，甚至还会引起火灾。雷击虽然有选择性，但它的危害概率是随机的，不可预测的。雷击一旦发生，则古树的保护是不可逆的。

上海的古银杏曾多次遭受雷击。例如奉贤区新寺镇的千年银杏，曾于清光绪年间和上世纪50年代都遭遇严重的雷击，树干开裂为三，并引发大火，使树心烧焦。2002年8月，青浦区白鹤镇叶泾村650年的古银杏，不幸被雷击中，三根巨枝瞬间击断，最大一枝直径达65厘米。另外，金山、南汇、浦东、嘉定等地的古银杏均曾遭受过不同程度的雷击。

为了进一步做好古树的防雷保护，使珍贵的历史文化遗产少受破坏，采用国际先进的防雷材料，在遭雷击可能性较大的古树周围安装防雷设施，是保障古树生命安全的一项有效措施。

上海市根据雷击具有选择性的特点，以易遭雷击的19株古银杏为防雷对象，设计安装了防雷设施，经多年运行证明防雷效果良好。具体的设计与安装方法如下：

一、现场踏勘，确定对象

根据雷击具有选择性的特点，对上海古银杏进行了现场踏勘；对曾遭雷击，或水系发达，水陆交界处，或空旷开阔处，或树龄较大，树体较高的古银杏进行了摸排，先后为19株古银杏设计、安装了15套防雷设施。(见表1)

二、设计依据

根据《上海市古树名木和古树后续资源保护条例》和GB50057-1994(2000版)《建筑物防雷设计规范》要求，对古银杏防直击雷进行设计。其设计原则：

(一)**安装高度**。不仅要考虑古银杏最高点的安全，还要确保古银杏边缘树冠的安全，并留有生长发展的空间，使保护范围最大，保护效率最高；同时又要考虑投资的经济合理性。

(二)**安装位置**。根据上海地区雷雨季节东南风较多，雷雨时多数情况风向又偏西北这一地理气候特点，防雷设施一般设置在古银杏的西北或东南方位，离树冠外5米~6米处(考虑到接闪器基础不致于损伤根须)。

(三)**安装形式**。主要有防雷塔和防雷杆两种。根据古银杏树身特点及周边环境，防

表1　确定安装防雷设施的古银杏树及特点

序	地址	编号	树龄	特点
1	青浦练塘胜利二组	0054	500	曾遭雷击，断枝切口发黑，主干劈裂
2	青浦白鹤镇叶泾村	0027	650	曾遭雷击，三大枝瞬间断裂，最大枝直径65厘米，树冠折半
3	崇明堡镇五效村	0073	460	曾遭雷击，断枝较多，位于空旷开阔处
4	南汇新场镇南山寺	0044	600	明显高于附近庙宇和居民房屋
		0046	600	
5	奉贤新寺镇新塘村	0007	1000	曾两次遭雷击，树干开裂，并引发火灾
6	金山枫泾镇新义村	0074	450	旁有河道、庄稼，地处空旷开阔处
7	金山干巷镇	0319	850	曾遭雷击，一枝击断，一枝劈裂
8	闵行马桥联盟三组	0104	400	地处空旷开阔处，为附近地区的最高点
		0113	400	
9	嘉定安亭方泰	0001	1000	周边空旷，旁有河道、鱼塘
10	嘉定外冈敬老院	0058	500	旁有河道
11	嘉定外冈钱家祠堂	0205	250	旁有河道
12	浦东高东共新一组	0066	500	曾遭雷击，大枝击断，旁有河道
13	浦东合庆大星村	0063	500	树体高大，旁有河道
14	宝山罗店毛家村	0076	450	树体高大，曾遭雷击
15	宝山罗店繁荣村	0227	250	旁有河道，周边空旷，曾遭雷击
		0228	250	旁有河道，周边空旷
		0229	250	旁有河道，周边空旷

雷设施主要以防雷塔为主。因为古银杏树树干弯曲，所以不适合将接闪器直接设置于树干上。如果树身挺直，则也可在树干上直接安装接闪器。

三、设计方案

防雷塔适用于基本风压为40kP/m^2，接地电阻小于10Ω。防雷杆适用于基本风压为40kP/m^2，接地电阻小于10Ω。

（一）防雷塔的设计（以青浦白鹤镇防雷塔为例）

1.防雷塔高度的确定(见侧视图)

该古银杏树高26米，树冠20米，滚球半径按第三类设计为D=60米，设计防雷塔高度为30米，则相对高差h=30米－26米=4米

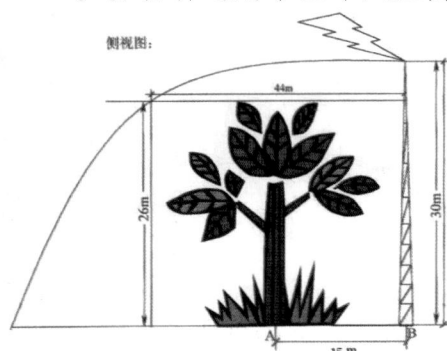

保护半径：采用进口银河Ⅱ型提前放电接闪导体

R=[h ×(2D-h)+ΔL(2D+ΔL)]1/2

其中ΔL=44.8us×1m/us=44.8m(产品性能提供)

R1=[4 ×(2×60－4)+44.8(2×60+44.8)]1/2=88米

若考虑安全系数0.5，其高度26米，平面保护半径能达到R=44米，可有效覆盖古银杏，实现其防雷安全，做到科学、经济、安全、可靠。

2.防雷塔设施材料为热镀锌钢结构独立型塔，接闪器为银河Ⅱ型提前放电接闪导体，接地体采用热镀锌圆钢和热镀锌扁钢组成。

（二）接闪器的设计（以金山干巷接闪器为例，接闪器直接固定于树干上）

1.接闪器高度根据该古银杏树高15米，冠径7.5米，确定接闪器高H=16米。

2.接闪器支撑杆材料由热镀锌钢管组成，尽量与树干平行。支撑杆与树干的固定采用抱箍，中间衬垫厚橡胶或木块以避免摩擦。同时，利用其它较粗枝条来加固支撑杆，使之尽量不晃动。支撑杆与接地网的连接采用弹性软连接，以留出古银杏生长的空间。接地条用涂锌扁钢接。接闪器采用伽雷克ESE提前放电接闪导体。不锈钢抱箍2年~3年移位松动一次。

四、安装与保养

防雷设施应严格按照图纸安装。防雷塔或防雷杆安装完后要测定其接地电阻值。

为确保防雷装置发挥效能，不仅要正确设计、正确安装，还要经常保养。每年雷雨季节之前应检测一次，发现问题，及时解决，使防雷设施始终处于良好状态。

古树与古树防雷塔

五、安装效果

截止到2007年底，已为上海19株古银杏安装了15套防雷设施，涉及9个区县。其中，15株一级保护古树，2株千年古树。在15套防雷设施中，14套是防雷塔，最高的达33米；另一株因曾遭雷击，周边又没空间安置防雷塔，且树干上部挺直，所以在树干上直接安装了接闪器。为了不影响该古树生长，固定接闪支撑杆的不锈钢抱箍已移位松动过一次。2007年上半年，对所有安装防雷设施的古银杏进行一次安全检测，其接地电阻均小于5Ω，符合规范要求(小于10Ω)，防雷性能良好(见表2)。安装防雷设施后的古银杏及其附近均未发生雷击事故。由于雷电有固氮作用，青浦区和崇明县防雷设施附近的稻谷较远处的稻谷植株稍偏高，且灌浆早。

表2　古银杏防雷设施的检测结果

古树编号	电阻（Ω）	古树编号	电阻（Ω）	古树编号	电阻（Ω）
0054	2.5	0074	2.2	0205	3.8
0027	1.5	0319	1.8	0066	2.2
0073	1.5	0104、0113	4.5	0063	1.7
0044、0046	2.2	0001	2.5	0076	1.9
0007	2.5	0058	4.8	0227、0228、0229	1.8

古树与古树防雷杆

古树名木蛀干害虫防治技术

山东省东营市河口社区绿化环卫公司　李红光

古树名木是一种年代久远、有生命的历史遗产。在一生中，曾经历过各种复杂的气候环境变迁和多种病虫的危害。其中，最常见的就是蛀干虫害。这种害虫的突出特点是：种类繁多，特性各异，危害严重，隐蔽难除。对防治蛀干害虫要坚持"预防为主，综合防治"的植保方针，加强检疫、病虫害监测，采取改善营林措施、人工物理防治、化学药剂防治、生物防治等综合措施，将蛀干害虫的虫口密度控制在最低限度。

一、加强检疫工作，抵御外来入侵生物

科学检疫，可以减少传播源，抵御外来入侵生物。一是对古树名木附近的绿化苗木要进行检疫，杜绝外来钻蛀害虫引入。推广优良乡土树种，就地育苗，就地栽植。二是协调工商行政管理部门对木材市场、加工点进行全面检疫。三是做好苗圃地的病虫防治，切实贯彻"秋检疫、冬检查、春把关"的检疫防治程序，使古树周围林木病虫害发生控制在最低限度。

二、加强病虫害监测

对古树名木病虫害监测要采取定期普查和定点观察的方法，用科技手段，如性引诱剂、频振式杀虫灯和蜜酒醋液等对蛀干害虫进行虫情预测预报，为防治提供参考。

（一）**定期普查**。每年从1月~3月份开始，组织专业人员对蛀干害虫进行专项普查。方法是在古树林带内调查已经危害的虫害木株数、树种、树龄、地点以及蛀干害虫种类、虫龄大小等情况，并进行登记。定期观察蛀孔、危害状况、枯梢等情况，确定重点监测对象，监测蛀干害虫的发生情况。

（二）**定点观察**。选择去年受蛀干害虫危害已经防治过，但没有彻底防治的植株，作为定点观察对象，在4月份用细孔铁丝网分别对危害树主要枝干进行封闭隔离，准确地观察到其虫态发育期，到羽化期即可以抓住蛀干害虫的成虫。

（三）**性引诱剂测报**。性引诱剂具有无毒、无害、无污染、专一性强、选择性高等优点。具体测报操作：自制直径为30厘米左右的、开口的性引诱剂诱捕器。器内放占容器体积70%~80%的自来水，水中放10%~15%的洗衣粉或肥皂粉，将一枚蛀干害虫性引诱剂诱芯用细铁丝悬挂于水面上方2厘米~3厘米的位置。5月~6月份蛀干害虫成虫即将发生时，将诱捕器悬挂在古树名木附近。每隔30米~40米放一个诱捕器，悬挂高度1.5米~2米。每日观察捞出死的成虫数量并做记录。当成虫数量出现高峰时的3天~4天后，在

附近及其他灌木的叶片上就会发现蛀干害虫大量产卵。当成虫数量高峰期达到 4 天~5 天时，即为药剂防治的最佳时间。

（四）运用频振式杀虫灯测报。该灯的杀虫机理是运用光、波、色、味四种诱杀方式杀灭害虫。近距离用光，远距离用波，加以黄色外壳和味，引诱害虫飞蛾扑灯，外配以频振高压电网触杀。在杀虫灯下套一只袋子，内装少量挥发性农药，可对少量未击毙的蛾子熏杀，从而达到杀灭成虫、降低古树名木林间产卵量、减少害虫基数，控制害虫危害古树名木的目的。每年生长季节 4 月~10 月，把频振式杀虫灯悬挂在古树的附近树上 2 米高处，每 5 亩林地悬挂一台。利用成虫晚上出来活动的特点，每日 21 点开灯，次日凌晨 4 点关灯。有光控系统的灯能根据自然光的亮度自动开关。每日早晨取出蛾类成虫，记录蛀干害虫成虫数量，作为防治参考。

（五）蜜酒醋液测报。蜜酒醋液对夜蛾科木蠹蛾等蛀干害虫成虫具有趋性，利用这一特性可以对夜蛾科蛀干害虫进行测报和防治。蜜酒醋水液浓度比为 2：2：2：6，里面再放十分之一的敌百虫粉剂，搅拌均匀。将配制好的蜜酒醋液放在直径为 40 厘米~50 厘米的塑料盆中，液面水占容器的 70%~80% 位置，每亩 (666.6 平方米) 绿地放一盆，置于高 50 厘米~100 厘米处。由于夜蛾吃了有杀虫剂的蜜酒醋液，中毒而死。每日检查捞出死虫，并对蛀干害虫夜蛾类成虫记录。要注意观察盆内药液，少了要及时补充，雨后要及时更换蜜酒醋液。

三、合理搭配林种树种，提高古树名木的抵抗力

科学配置多林种树种，乔木、灌木、花卉、草坪合理搭配，落叶树与常绿树混植是控制虫害发生蔓延的主要措施之一。对于古树一般是以其为目的树种，在周围选择相辅相成的绿化树种，避免蛀干害虫的相互传播。如中日友好植物园绿地，栽植的是以法桐、盘槐、玉兰、大叶黄杨、紫薇、红叶李、雪松、丝兰等为主的混交树种，自筹建以来未发生任何危害性蛀干害虫。

四、人工物理防治

（一）**人工捕捉**。虫卵：可人工摘除，或用工具将卵捣碎，使之失去生命力，不能孵化。幼虫：当发现新蛀屑和瘤时，可及时用小刀刮掉虫瘿，或用铁条沿蛀孔捅入，直至捅不动为止，将幼虫捅死在蛀道内。虫蛹：因其虫一般在树干内化蛹，以老熟幼虫或蛹越冬，蛹在锯除的枝干内，应将枝干烧毁。成虫：可发动群众捕捉星天牛、云斑天牛、小木蠹蛾成虫。可以震动树干，使天牛成虫掉落，杀死。也可以在化蛹期，用细丝网或细孔铁丝网将危害的树干包裹起来，成虫即使羽化，也不能飞出活动。每日早晨进行观察、记录，既可以杀死成虫，又可以进行成虫发生的测报。

（二）**树干刷"白涂剂"灭虫卵**。对胸径 4 厘米~15 厘米的树干细致刷"白涂剂"。对害虫天牛、小蠹蛾、吉丁虫等虫卵的孵化、单株产卵刻槽密度有显著灭虫效果。刷白时间宜在成虫产卵初期进行。

（三）**诱杀成虫措施**。一是饵木诱杀。即设置新鲜的枯立木，诱来成虫产卵，然后做

灭虫处理。如星天牛的饵木可在冬季砍伐树木，搁置在柳林附近为饵，诱引范围 1000 米左右。小蠹虫可在 3 月~6 月 2 次用新鲜的风析木、风倒木为饵。二是黑光灯诱杀。适用于有趋光性的蛾类成虫。

（四）**清除虫源**。冬夏两季修剪病虫枝，清除危害严重的枯木，并彻底销毁。

五、化学药剂防治

（一）**树干涂药包扎法**。采用 50% 甲胺磷乳油 10 倍液（或 40% 氧化乐果乳油和久效磷乳油 30 倍液等内吸性强的杀虫剂），在蛀干害虫蛹羽化盛期，用板刷将稀释后的药剂均匀涂抹在树干上。以树干充分湿润、药剂不往下流为度，再用 40 厘米宽的塑料薄膜从下往上绕树干密封，15 天后拆除塑料薄膜。经现场调查，药物通过树液流动输送至整个树体，未进行涂药的主干蛀干害虫也得到有效防治。

（二）**树干注射法**。注射时间根据各地气候状况确定。一般在每年的 5 月份开始。当发现树干表面有虫孔时，直接用注射器向虫孔注药。如防治天牛，当发现虫孔中淌出新鲜锯屑，说明虫孔内有天牛幼虫存在，可用 40% 氧化乐果乳油配制 5 倍~10 倍液，或用50% 甲胺磷乳油 3 倍~5 倍液，按每厘米胸径 1.0 毫升~1.5 毫升药液用量进行注射，然后用黄泥封口（以免药液挥发），防效率可达 98% 以上。

当树干表面看不到虫孔时，可用钻在树干基部四周打孔注药。具体操作方法为：在树的主干基部距地面 30 厘米处，将钻头与树干成 45 度角向下倾斜打孔，深至木质部（孔深6 厘米~8 厘米）。孔数多少根据树的大小确定。一般胸径在 15 厘米以下钻孔 1 个~2 个，30 厘米以下钻孔 2 个~3 个，30 厘米以上钻孔 4 个~5 个。然后用滴管或注射器将内吸性药液缓缓注入，封口即可。注药量以孔洞注满为度，约 5 毫升左右。注药后 1 周害虫即可大量死亡，孔口通常在 2 个月左右痊愈。为了解决人工钻孔成本高、操作费时以及孔洞可能不利于树木正常生长的问题，亦可采取少钻孔，在同一钻孔内多次注药的方法。第一次注药 7 天~10 天，第二次再注药（以此类推），杀虫效果更佳。一般说来，采用这种方法需连续防治 2 年，才能巩固防治效果。

（三）**根部埋药法**。即在距树 0.5 米~1.5 米的外围开环状沟，或开挖 2 个~3 个穴，直接埋 3% 的呋喃丹农药，埋药量根据树的大小而定。一般幼树，如 1 年~3 年生树埋药 150克左右，4 年~6 年生树埋药 250 克左右，7 年以上树埋药 500 克左右，药效可持续 2 个月左右。也可将 40% 氧化乐果乳油、50% 甲胺磷乳油或 25% 杀虫双水剂配制 5 倍液装入瓶子，在树干根颈外围地面挖土，让树根暴露出来，选不超过 1 厘米粗的树根，剪断根梢，插进药瓶瓶底，用塑膜封好瓶口埋入土中。通过树根直接吸药，输送到树体各部防治害虫。

（四）**毒签防治法**。毒签是用磷化锌制成的一种长 6 厘米~8 厘米的签子。其作用机理是将有药的一端插入虫道内，通过与虫道内的水分、树液及虫粪接触，磷化锌与草酸发生化学反应生成磷化氢毒气，使整个虫道像似一个熏蒸室，这样很容易将孔道内的蛀干害虫及幼虫熏杀致死。实践证明，磷化锌毒签对多种天牛、透翅蛾、杨干象、木囊蛾等蛀干害虫的毒杀效果都非常理想，3 天后防效可达 95% 以上。而且具有操作简单易行、对人畜安全、不污染环境等优点，适宜大面积推广应用。

毒签制作技术：用竹（木）签，规格一般签长 6 厘米~8 厘米，粗（直径）1 厘米~3 厘米，也可按虫孔大小制作不同规格的毒签。毒剂制作方法是：取合成桃胶 25 份，加水 30 份，用沸水浴锅加热熬 15 分钟，搅拌成糊状，加磷化锌 15 份，拌匀后再加热熬约 3 分钟，即为"磷化锌药胶"。另取合成桃胶 25 份，水 20 份，用以上方法加热熬 15 分钟成糊状，加草酸 15 份，拌匀再熬 1 分钟，即为"草酸胶"。让竹（木）签端部不少于 2 厘米长度先蘸磷化锌药胶，待干后，再在药头上蘸草酸胶，做成药头长约 3.5 厘米、最粗处直径 2.5 厘米~5.5 厘米、形似火柴的毒签。接着晾干 1 天~2 天，使之干燥充分（注意不可太阳直晒），装塑料袋密封，贮存于阴凉干燥处。有效期可达 3 年以上。

插毒签方法为一看，二刮，三掏，四插，五封。一看，即看什么地方有虫孔，判定是什么虫；二刮，即将排粪孔刮开；三掏，即用锥子扎眼并掏空蛀道内的粪屑；四插，即将毒签对准蛀孔插入，并将露在外面无药部分折断；五封，即用黄泥封口，以固定和封闭毒签，增强药效。插签时要从上到下，确保不漏一个虫孔，并配戴手套和口罩，注意安全，以防中毒。不同种害虫其危害特性各异，应区别对待。例如星天牛幼虫危害是从树干基部向上蛀食，一只蛀虫只有一个排粪孔，防治时（4 月~9 月）操作起来比较容易，效果也较好。而桑天牛幼虫则是从树枝和树干上部蛀入后向下危害，每只蛀虫一生有多个排粪孔，防治时要找准倒数第一个排粪孔（新鲜排粪孔）插入毒签，将该孔前面的排粪孔用小枝塞满，以免幼虫转移和毒气泄露。云斑天牛蛀道不很规则，孔口较多，不宜采用本法。另外，如遇湿度大的阴雨天，不要作业。若使用的毒签已经粘结在一起，说明已受潮分解，使用时要酌情增加药（签）量。

（五）"绿色威雷"喷雾防治法。 "绿色威雷"系一种残效期超长的新型杀虫剂，残效期长达 60 天~80 天以上，对天牛类成虫防治效果较好。目前国内的施药浓度为 300 倍~400 倍液。据了解，甘肃省临夏、嘉峪关等地利用 400 倍液喷雾 60 天时杀虫效果接近 100%。生产中常用 8% 绿色威雷微胶囊剂（有效成分为氯氰菊酯），在天牛蛹羽化始盛期前（一般在 7 月中下旬左右）喷施，对树干、大侧枝常规喷雾，施药量以树皮湿润不淌为度。

六、生物防治

（一）利用生物天敌防治。 生物天敌分为捕食性天敌和寄生性天敌两种。捕食性天敌有姬蜂、寄生蝇、蜥蜴、蚂蚁、燕子、啄木鸟、螳螂，寄生性天敌有白僵菌和原生线虫等。保护利用当地天敌，是防治古树病虫害的一种有效方法。特别是鸟类，如啄木鸟。据调查：一只成年啄木鸟一天可以吃掉几十只高龄幼虫。招引啄木鸟的方法是根据啄木鸟喜欢在柳树、杨树等材质相对疏松的大树上，尤其喜欢在老龄中空的柳树、干枯杨树上啄巢的习性，给啄木鸟人工造巢。在杨柳榆混交林中、柳树、杨树、榆树上筑巢比例为 7 : 2.5 : 0.5。筑巢树干最小胸径应在 14 厘米（大斑啄木鸟）~16 厘米（灰头绿啄木鸟）以上的枯死木上。但应注意的是，一要营造多树种配置的阔叶或针阔混交林，二要在啄木鸟控制区，禁止喷施化学农药，为啄木鸟创造良好的生存栖息环境。

小线角木蠹蛾、咖啡木蠹蛾、国槐木蠹蛾等蛾类蛀干害虫是蚂蚁的食物，利用蚂蚁可以实现持续有效控制小线角木蠹蛾。还可以在蛀干害虫幼虫危害期，往排出新粪的孔口内注射每毫升20000条的芫菁夜蛾线虫水悬液，使线虫侵入小线角木蠹蛾幼虫体内后大量繁殖，并再次侵入周围的小线角木蠹蛾，使幼虫感病而大量死亡，防效可达95%。

（二）用樟脑丸防治。对于隐蔽生活在古树名木的蛀干害虫，可以用樟脑丸巧治。具体方法是：将樟脑丸切成黄豆大小的碎粒（1个樟脑丸药切成15粒~25粒），找到蛀干孔口，掏净粪便和木渣，塞入3粒~5粒樟脑碎粒，然后用黄泥封口，以防漏气。待7天~10天后检查1次，若仍有新的粪便和木渣，可重复1次，杀虫效果可达85%以上。防治时间在春、夏、秋季幼虫活动期间均可进行，但以初夏效果最好。

（三）利用野生芫花防治。芫花（Dapnne genkwa）俗名药鱼草、闹鱼花、闷心花、泡类花，河南省舞钢地区又称其为棉花条。芫花是瑞香科有毒植物，属野生落叶小灌木，分布在广大农村的山坡地上，极易采集。通常中药店也有出售。芫花枝茎富含芫花素、羟基芫花素、芹菜素、谷留醇、苯甲酸等刺激性有毒油状物。利用它的这一特性来防治桃树、苹果、梨树、核桃、大枣、柑橘、油桐、杨树、桑树、榆树、国槐、桧柏等果（林）蛀干害虫，诸如天牛类、吉丁类、木蠹蛾类等能收到很好的效果。

具体做法是：5月~6月份气温较高时，找到树木主干、主枝上的虫孔（有新鲜虫粪排出），用芫花茎枝（干鲜皆可）插入虫孔3厘米~4厘米（若芫花茎枝较细时，可多插几根，以免松动），然后用黄泥封口。当蛀干害虫在孔洞内生活，需要回到洞口排泄虫粪时，发现洞口被堵塞，就会取食芫花茎枝而中毒死亡。

贞柏与古藤和谐相拥

古榕树常见虫害防治方法

厦门市翔安区农林水利局　陈水砼

榕树浓郁常绿，树体高大，寿命长，在闽南沿海地区常被当作风水树加以保护，各村庄常见百年以上的古树。由于气候、环境等诸多原因，常发生虫害。主要有蛀干、潜叶、食叶害虫。蛀干害虫如天牛幼虫蛀食韧皮部和边材，并在木质部内蛀成孔道；小蠹幼虫筑坑于韧皮部与边材之间，破坏树木的输导组织，导致长势变弱，枝、干枯萎，甚至全株死亡。潜叶虫害如潜叶蛾，幼虫在叶表皮下潜食叶肉。食叶害虫如斑蛾、白灰蛾等幼虫取食叶片，严重时形如火烧。潜叶和食叶害虫严重破坏叶片的光合作用，削弱树势。上述常见害虫或隐于皮下，或因树体高大，常规施药困难，达不到防治效果，采用打孔输液和稻草缠绕方法防治效果较为理想。

一、打孔输液注射法

防治原理：根据树木的生物学特性，使输注的药液凭重力通过输液管输入韧皮部和木质部，再由树木输导组织把药液输送到树体各组织，从而达到防治目的。该方法具有操作简单、节省劳力、药效长、成本低、利用率高、不受天气和环境限制、无污染、保天敌、见效快等特点。

（一）方法与步骤：

1. 准备好输液袋（或医用输液管、葡萄糖空瓶）、棉花、带子、铁钉、钻器、药物等物品。

2. 选好输液位置：一般选在树干离地面 0.5 米以下，无虫蛀、外表较光滑、生长良好的健康部位，用直径 5 毫米~6 毫米钻头钻孔，深度约 7 厘米~10 厘米，并与水平面向上成 30 度~45 度夹角，避免药液倒流。掏净孔内木屑，增加药液接触空间。钻孔个数，根据树体大小确定，一般 4 个~8 个，均匀分布。

3. 药剂配制与浓度：常用药剂有菊脂类、氯马乳油、阿维盐、敌敌畏、敌杀死、水胺硫磷、久效磷等较为长效的液体触杀剂、胃毒剂农药。药剂根据树木的生长季节、晴雨天气、药剂种类配置。药液浓度一般掌握在 3 倍~6 倍，即可达到防治效果，又不会产生药害。对于长势较弱的树体，可在药液中加入一定量的营养、生长剂，促进树体尽快恢复生长。将配好的药液装入袋（瓶）内。

4. 输液：把药袋（瓶）固定在孔口 1 米以上的树干上，连接输液管，用棉花缠绕针头，插入孔内，排出输液管和孔中空气，再塞紧针头，防止药液溢出。若用医用输液管应注意针头不宜插入过深，避免塞棉花球过紧挤压输液管，影响药液输入。施药常以病虫害情况而定，一般为 1000 毫升。输液时间大约需要 8 天~12 天。虫害严重或较高大树体可第二次给药。即在第一次输完后，重新配药装袋（瓶），利用原孔、输液管继续输药。药液输完后要用干净木塞或红土堵住孔口。

（二）防治效果：药物发挥作用主要取决于树体大小和生长季节，一般在用药后 7 天~12 天蛀干害虫即可全部死亡，10 天~18 天叶面害虫可全部死亡。根据药物种类 3 个~6 个月内叶片上不再发现虫害、树干虫孔不再发现新的碎屑。

二、缠绕稻草法

（一）防治对象：榕树毒蛾科食叶害虫。

（二）防治原理：利用榕树毒蛾科食叶害虫幼虫爬行或吐丝下垂蜕皮后，再爬行上树继续取食的生物学特性，在榕树基干捆绑稻草，利用干稻草表面的绒毛，阻止幼虫上树，让其饿死，从而达到防治目的。

（三）方法与步骤：先准备好干稻草，捻成草绳（不要很结实）。捆绑位置一般选在 1 米~1.5 米处，将草绳在树干上缠绕几圈，宽度约为 30 厘米~40 厘米。同时把捻草绳剩余稻草叶塞在草绳与树干的空隙间。若在草绳喷洒（浸）较高浓度的触杀剂，效果更佳。

（四）防治效果：一般捆绑稻草 4 天~6 天后，树上虫口密度明显减少，8 天~15 天基本不见幼虫。

千年龙槐

名木大叶樟的养护管理

厦门市园林植物园　陈恒彬

邓小平同志是我国全民义务植树运动的倡导者、推动者和实践者。1984 年 2 月 10 日，邓小平同志在视察厦门经济特区期间，到厦门市园林植物园的南洋杉草坪，亲手种植了一株大叶樟。这株大叶樟是厦门市最有意义的名木。20 多年来，厦门市市政园林局和厦门市园林植物园高度重视大叶樟的生长状况，采取了相应的技术和工程措施，确保大叶樟的健康生长。

一、周围种树，优化立地小环境

大叶樟，又名云南樟，学名为 Cinnamomum glanduliferum (Wall.) Nees，主要分布在我国西南的云、贵、川、藏等省区和印度、尼泊尔、缅甸、马来西亚，多生长在海拔 1500 米～2500 米的山地常绿阔叶林中。当年邓小平同志种植的大叶樟苗木来自厦门园林局所属的忠仑苗圃，苗源是 20 世纪 70 年代从广东间接引入，在厦门培育而成的。

厦门的气候属于南亚热带类型，大叶樟原产地的气候为北亚热带、中亚热带或山地暖温带类型，厦门与原产地的气候条件相差较大。为了改善立地小环境条件，减少台风的侵袭和烈日的危害，采取在大叶樟周围种植南洋杉、异叶南洋杉、榕树、菩提树、秋枫、莲雾、红千层、细叶垂枝白千层、红车等树种，形成了松散稀疏的小群落。2005 年，又在大叶樟西面，距离树冠 5 米～7 米处，成排种植 10 株高 7 米～12 米的异叶南洋杉，明显起到了夏日遮挡西照阳光，降低小环境气温，减少大叶樟蒸腾的作用。

二、开挖透气孔道，改善土壤的水气条件

为了方便来厦门市园林植物园的游客参观大叶樟，1998 年，在大叶樟树池内铺上鹅卵石和砖块，树池以外地面上，构筑了厚达 20 厘米的花岗岩地表硬铺。这就改变了树池以外土壤表层的物理结构，限制了土壤的通气和透水，直接影响了大叶樟根系的生长发育，导致了部分根系的坏死、腐烂或霉变。大叶樟吸收能力降低，植株生长不良，一度出现小枝叶片凋落、枝梢枯死等现象。

针对大叶樟这一生长情况，厦门市市政园林局和厦门市园林植物园高度重视，成立了以植物园科技人员为主，各方面人员参加的课题组，组织科研人员进行联合攻关。课题组科研人员通过查阅资料，日常观察，采样分析，找出了大叶樟生长不良的主要原因，果断采取开挖透气孔道的方法。具体做法是对硬铺进行挖空处理，打开透气孔道 89 个，每个孔道长 120 厘米、宽 20 厘米、深 40 厘米，回填壤土，并不定期松土处理。这样，既增加了土壤空气与大气的交换量，雨水也能渗入土壤中。同时，更换了大叶樟树池中的鹅卵石

和砖块，铺上厚 10 厘米的碎木屑。通过开挖透气孔道等处理后，根系功能逐渐得到恢复，植株生长明显好转，叶片增多，叶形丰满，叶色翠绿，显得生机勃勃。

三、修枝整形，提高景观效果

大叶樟全株呈宽冠形，南北较宽，株高约 14 米，冠幅长 18 米，宽 15 米，胸径 62 厘米，枝下高 1.8 米，一级分枝 3 叉，分枝斜上举，又有二级、三级分枝，分枝相对较为疏松，枝梢柔软披散、下垂。大叶樟的修枝整形一般安排在果实掉落以后修剪，以保证株型外观整齐，提高景观效果。有时在台风来临之前，也会进行适当的修剪疏枝，防止台风对大叶樟的影响。有的年份，还会在花后进行疏花疏果工作，避免养分流失，以保证大叶樟的健康生长。

四、保障水肥供给，促进健康生长

从 2001 年～2004 年，每年的初春和秋冬季节，要根据土壤的肥力情况，在铺装的透气孔下，用腐熟的豆饼肥或其他沤熟的有机肥，配以少量的磷酸二氢钾进行施肥。同时，还采取叶面施肥的方法，喷施含有植物生长需要的"南林复壮素"，促进大叶樟的生长。

2005 年至今，主要用复合肥进行深孔施肥或水溶浇灌，以确保大叶樟有充足的营养供给。在做好合理施肥的同时，在生长旺季和干旱季节，坚持每周在树穴浇灌湖水，加上石碑旁的未铺装的部分花池和 89 个透气孔的水分供给，保证了水分的充足供应。

五、做好病虫害防治工作

根据厦门地区樟科植物病虫害发生状况的通报，结合植物园内以及周边病虫害的实际情况，及时对大叶樟进行查防工作。一般在 4 月喷洒 90% 敌百虫和 50% 托布津 1000 倍液，6 月喷施敌敌畏和代森锰锌 800 倍液药剂，8 月施用 50% 的辛硫磷 1000 倍液，从而较好地控制了樟树灰斑病和樟凤蝶等病虫害的发生。另外，在进行修剪时注意锯口不劈裂、不撕皮，并在伤口喷洒保护剂，防止樟树溃疡病等的发生。

桃源县西安镇500多年的古枫杨胸围6.6米，树枝横跨一江两岸，雄伟壮观。

抢救濒危古树的新方法

泰山银杏开发研究联谊会　郭善基　张泰岩　黄迎山

山东省泰安市泰山林业科学研究院　王　迎　宋承东

古树不仅是一个地方文化经济发展历史的客观见证，而且对研究当地气候变化、地质运迁、生态衍替等方面具有一定的参考价值。如果这些古树一旦损毁消失，短时间内就难以重建复原。因此，如何及时有效地抢救濒危古树，使之迅速复壮、转危为安是古树保护中的一个重大研究课题。

古树最易出现濒危状态的两大部位，一是根系，二是树冠。2005 年对两株濒危古树采用"多点靠接法"抢救获得成功，为濒危古树复壮找到了一条新途径。

一、银杏古树的换根复壮

位于山东省莱芜市寨里镇卞王许村中心地带有一株千年雌银杏古树。树高 28.7 米，胸径 1.25 米（围粗 3.93 米），冠幅约 16 平方米。该树历年来长势旺盛，年年结果累累，1997 年曾高产白果 500 余公斤。但此后却日渐衰弱，大枝不断枯死，叶片逐年减少，到 2005 年 5 月下旬，全树呈现濒危死亡状态。经调查表明，出现这一问题的主要原因是当地洗姜污水流入该树所在地点长达 9 年，长期的积涝浸渍，致该树根系接近全部腐烂。针对上述情况，提出污水改道、清除污土和增补新根三项措施。前两项为工程措施容易解决，而增补新根却比较困难。经反复论证和材料准备之后，于 7 月 1 日在高温晴朗天气下实施了"多点靠接"的复壮措施。其技术要点如下：

1. 为保证接苗的根系完好、新鲜，避免缓苗，严格选择用盆栽 3 年生嫁接过的银杏盆景苗木，预先置于古树附近待用。

2. 为保证嫁接后的古树美观，古树的嫁接点确定在古树树干基部距地面之上的 50 厘米处，并认真选好适合嫁接的嫁接点。

3. 在实施嫁接之前，先将接苗从花盆中取出并立即埋入土中。然后用镶嵌式靠接法切槽接好。为使接点密合牢固，接后用小钉加固，外覆弹性接膜，上盖毡纸，最后刷涂接蜡 2 遍，以防雨水浸袭。

4. 接苗的枝梢暂时不作修剪，以利光合作用的正常进行，保证接苗与古树的充分发育。

5. 嫁接完成后，加强日常的水土管理。

6. 古树周围共嫁接银杏苗 16 株，株间距离约为 20 厘米~25 厘米。

嫁接完成后的第 29 天（即 7 月 29 日）检查时，嫁接成活率达 100%，接苗枝叶旺盛，古树衰势开始扭转，活枝新叶大量发出。嫁接后的第 75 天（即 9 月 13 日）检查时，所有活枝均发出新芽新叶，树体明显恢复生机，呈现欣欣向荣状态。至 2008 年，经过 3 年来的养护，银杏古树除已经枯死的几个大枝外，基本恢复树体原貌。2008年秋季已结出银杏果10多公斤。接苗在除去枝梢之后，目前接点之下的接苗苗干全部出露于土面之上，形似古树悬根，倍极美观，成为当前一大风景。

二、国槐古树换头复壮

位于山东省章丘市白云湖区石珩村中心路段的千年古槐，高约5米，胸径85.9厘米（围粗2.7米），冠幅约25平方米。该树树干已全部中空，苍老之态明显，但树冠却枝繁叶茂，是该村一大景点。2005年10月18日一高载货物卡车路经该地，由于路窄车快，不慎将古槐树冠全部扯断，仅留一枯老树干和扯断处的白色伤疤，损伤极为严重。根据这一情况，经反复论证，决定采用"多点靠接法"，为古槐实施换头更新。其主要技术措施如下：

1. 为符合嫁接要求，当年冬季提前选用适于嫁接的3年生国槐移植苗。苗高至少在2米以上，且干皮光滑，根系良好，苗端具有3个~4个强劲分枝的苗木7株~8株，起苗后经整形修剪，妥善假植越冬。

2. 2006年4月24日，先在古槐树干上端选定适当嫁接点，尽量选择在古树皮层的厚实平滑之处，并照顾到四周方向。

3. 与上述银杏古树嫁接的方法基本相似，实行多点切槽靠接，保证接点密合封固。接点之下的根苗根系埋入预先备好的花盆细土之中，并将花盆按不同高度用砖石垫起，保证花盆的平稳固定，以利接后的管理。充分供应水肥需求，提高成活率和新枝新叶的旺盛发育。

4. 全树共接国槐壮苗6株，嫁接部位的高低虽略有差异，但均在古槐树干端部。

嫁接后的第129天（即9月6日）检查时，不仅成活率达100%，且接苗生长发育十分良好，已初步形成较为圆满的树冠雏形。翌年春季，将接点之下的槐苗主干从接点处切断、削平、涂蜡后，连同苗干花盆撤去。当年秋季古槐树冠已完全恢复原貌，2008年更加郁郁葱葱，不见损毁痕迹。

实践证明，采用"多头靠接"的办法，无论是更新根系或更新树冠，不仅是抢救濒危古树的一种行之有效且立竿见影的方法，而且取材方便、成本低廉、操作简单、管理容易，值得推广。

桃源县科技人员实地调查古树

鸭梨古树群的保护与复壮

邢台市林业局　胡运彩

　　河北省宁晋县是我国鸭梨原产地,具有 2000 多年的栽培史。汉司马迁《史记·货殖列传》载,"安邑千树枣……常山以南、河济之间千树荻"(荻系梨也),即为宁晋一带。宁晋鸭梨的品质自三国、晋代以来被广为称道,三国时已成御梨贡品。15 世纪初(明代),宁晋鸭梨因其品质独特、甘甜味美而被引种到河间、交河(今泊头)一带。清道光年间,滹沱河北徙,该县东起司马、浩固,西至米家庄形成片片沙荒。梨树由零星种植逐步发展为成行成片栽种,千株梨园随处可见。保留至今的两处树龄 150 多年的鸭梨古树群(共 6200 株),是当年当地群众为防风固沙而栽种的。时至今日,古树群生长健壮,开花结果,不仅起着防风固沙作用,成为该县生态保护与建设成就的标志,还给当地农民带来了实实在在的收益。

　　为保护鸭梨古树群,宁晋县从实际出发,以延缓树势衰老为中心,以古树群健壮生长为目的,以发挥其防风固沙、改善生态环境、维护生态安全的作用为重点,对鸭梨古树群进行综合管理。

　　总体上,对生长势一般的古梨树的根系进行更新复壮,严格控制产量。小枝修剪量不可过重,保持足够的叶片,增强树势。对树冠残缺不全的古梨树,充分利用其隐芽寿命长的特点,通过较重的修剪刺激,促发新枝和徒长枝,增加枝量,增强树势。更新、复壮骨干枝,尽量使树冠完整。具体措施如下:

　　一、加强土肥水管理　由于长期以来树体对土壤营养的消耗地力减退,适时施用一定的肥水,能维持树势和少量产量。一般是每年 9 月下旬至 10 月中旬,通过深翻切断部分细根,重施基肥,促发新根。落叶前采用沟施法施好基肥,株施 50 公斤～100 公斤,施肥深度以不伤断过多根系为宜。上冻前灌一次透水。生长期根据土壤墒情进行灌溉,并及时中耕松土,促进根系更新复壮。

　　二、疏花疏果　根据古梨树的生理特点,对古树进行适当的疏花疏果,尽可能控制其开花与结果的数量,减少树体的营养消耗,集中养分恢复树势,维持树体正常生长,延缓衰老。

　　三、修剪复壮　每年 1 月至 3 月上旬,在休眠期进行修剪。剪除病枝、枯枝、虫害芽,进行枝干保护。刮除树干老翘皮,消灭潜藏在老皮裂缝中的越冬害虫,将剪下的枝条集中销毁,减少病虫源。对树势衰弱程度较轻的,进行"小更新"。即采取抑前促后的方法进行局部更新。如在主、侧枝前端二三年生枝段部位，选择较直立、生长势强的背上枝，作为主、侧枝的延长枝头，把原延长枝头去掉。对树势严重衰弱，部分骨干枝即将死亡的，进行"大更新"。即在树冠内部选择着生部位适宜的徒长枝，通过短截，促进生长，用于代替部分骨干枝。当骨干枝损坏过重而出现较大空间时，利用下部萌发的更新枝，填补空间。缺乏适当的徒长枝时，选择骨干枝的适当部位进行露骨更新，剪锯口下，留角度适宜的领头枝，加以短截，其下枝条也相应地进行短截，增强复壮能力。

另外，对连续多年结果、衰老枯死的结果枝组，进行细致地更新修剪。将先端衰弱枝回缩到后部较旺盛处，一般回缩程度在2:1左右。冬剪时留取适量的结果枝，回缩、短截较好的小枝，保留适量的枝叶养树。合理修剪大小枝，回缩、短截衰弱果枝，保留壮枝壮芽。

四、防治病虫害 古梨树易遭受病虫侵害，防治重点应在保护树体上。一般在3月下旬，刮除主干、主枝基部粗皮，收集烧毁或深埋。主要防治干腐病、黑星病、轮纹病、梨木虱、叶螨、梨园蚧等。防治药物可喷5度石硫合剂或100倍索利巴尔。在病虫害防治过程中，应以低毒无公害的生物农药为主综合防治，定期检查，适时防治，合理使用农药，注意保护害虫天敌，减少环境污染，达到保护叶片、恢复树势的目的。

为古树立碑挂牌装护栏，保护古树健康生长。

公园古树的保护措施

北京市香山公园管理处　宋立洲

　　北京市香山公园古树众多，据 2005 年调查，香山公园共有古树 5867 株。香山寺的听法松、静翠湖的油松群、见心斋的凤栖松、十八盘的古柏林等等无不奇绝苍劲，把香山点缀得庄重古朴，别具神韵。但是，古树历经千百年的风霜岁月，树体长势衰弱，根系生长力减退，抗逆性差，极易受自然或人为不良因素影响，造成衰弱甚至死亡。为保护好公园的古树，针对衰弱古树生成的不同原因，因地制宜采取了以下保护性技术措施。

一、衰弱古树的复壮措施

　　（一）复壮沟法　这种方法主要针对生长势衰弱或者立地条件差的古树。在树冠投影下挖两条环状沟，每条沟长 5 米左右，宽 80 厘米，深 80 厘米～100 厘米。沟内埋两层枝条（以杨树枝为主），每层 10 厘米；槲树叶腐土两层，每层 20 厘米；有机肥（麻渣）2 公斤～5 公斤；微量元素稀土 80 克、硫酸亚铁 10 克、硫酸锌 2 克、四硼酸钠 1 克，隔层布施。设通气补水管（100 毫米）1 个～2 个，深度 80 厘米～100 厘米。沟两端设集水检查井，井深 1.2 米～1.3 米，内径底 50 厘米，上 35 厘米，红砖素砌，最上用水泥与井盖相连，井盖用玻璃钢材料制作（见图 1、图 2）。

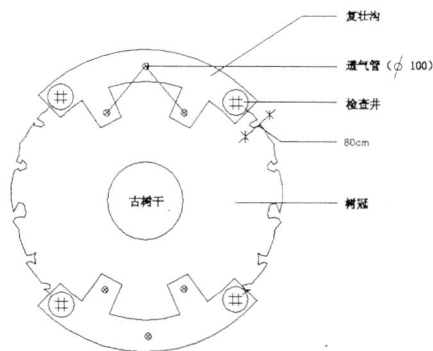

图1　复壮沟平面示意图

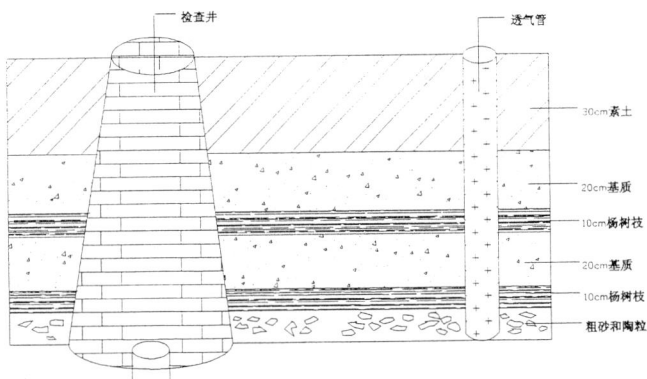

图2　复壮沟剖面示意图

　　（二）放射沟法　放射沟法是以古树根茎为圆心，在树冠投影外侧与树冠垂直下挖放射状沟 6 条～8 条。每条沟长 1.5 米～2 米左右，宽 80 厘米，深 80 厘米～100 厘米。沟内填充物和复壮沟相同。最后覆土踏平，稍高于地表，以免积水。

　　（三）复壮穴法　香山地形复杂，对生长在坡度陡峭或山石较多处的古树，常采用挖穴复壮、埋设透气管的方法，以改善衰弱古树的土壤结构，增加土壤营养及透气性。使用直径 10 厘米左右的硬塑料管打孔包棕制作透气管，管高 80 厘米 ~100 厘米，从地表层到地下竖埋，管口加带孔盖。一般每株古树设 5 个 ~6 个。

二、囤埋处理

对由于囤埋引起衰弱的古树，尤其是油松，首先将树干周围直径 1 米 ~1.5 米范围内的土层清理干净，直到露出树干基部原地表层。然后用素砖砌井，井底埋设排水管将积水排到渗井内 (见图 3)。树冠投影范围内间隔 2 米 ~3 米埋透气管 5 根 ~6 根，增加透气性 (见图 5)。

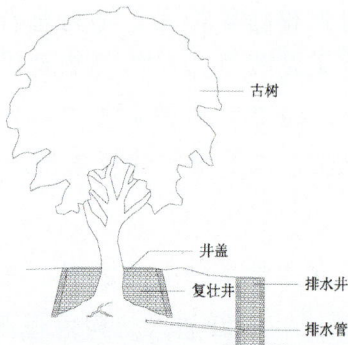

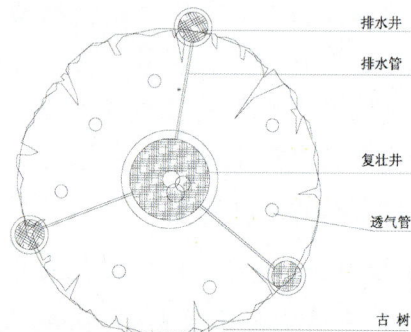

图 3 囤埋古树处理立面示意图   图 4 囤埋古树处理平面示意图

三、水土流失综合治理

对坡度大、水土流失严重、露根多的古树，因地制宜选择生态袋、毛石、木桩等材料砌墙做护坡，回填土，蓄存土壤养分及水分，改善古树生长条件。同时结合封山育林、生物措施等进行水土保持综合治理，改善古树生长环境。

四、树体保护

（一）**树洞修补** 树洞修补应根据树洞的大小、朝向、位置等实际情况和周围环境，选择适宜的修补方法。树洞修补不能见洞就补，应以尽量不补为原则，多采取防腐措施，尽量保持古树原貌。常用方法有封闭法和开放法两种。

1. 封闭法 对于洞口不大的朝天洞、斜劈洞可使用封闭法。首先彻底刮除洞内异物及腐烂组织，使用 5% 季氨铜溶液 (ACQ)，采用加压灌注的方式进行消毒处理。第二，在洞内用干燥柏木杆做支架，钉木板，将树洞封住。第三，注入发泡剂 (聚安脂)。第四，木板上外罩钢丝护网，再贴一层无纺布。第五，在木板钢丝护网上抹青灰。最后，待青灰干后，外植玻璃钢质地 (环氧树脂复合物) 的树体仿真树皮。对于洞口朝上的树洞，除了及时堵塞洞口防止雨水渗入外，还要在树洞最下端开孔，安装排水管，以免修补部分边缘开缝渗水，引起洞内进一步腐烂。

2. 开放法 如树洞很大呈开放式，如国槐、楸树等大多主干中空严重，完全敞开，只剩下周围树皮。对这种树洞原则上不支撑、不填充，将洞内腐烂的木质部分彻底清除，直

图5　开放法树洞处理

至露出新的组织，用药剂除虫消毒并涂防护剂。以后每年定期进行清腐、防腐处理，经常检查洞内的排水情况，防止雨水在洞内存留（见图5）。

（二）**支撑拉纤**　对于主干中空严重、偏冠、树干严重倾斜的古树，要及时立支撑做拉纤进行保护，防止被大风刮倒或被雨雪压倒。方法是，在其倾斜枝干上设置钢管支撑架，选好支撑点。支撑架最上部铁托弯度稍大于所顶枝干，与树干连接处用软性材料铺垫。对于古树较大的下垂分枝，可用钢丝绳牵拉，利用树体自身力量保持平衡。主干有裂缝的，可用半圆形铁箍固定，铁箍与树干间用软性材料铺垫，以后可随时调整松紧。

（三）**设置围栏**　对于生长在道路两侧、游客活动频繁地带的古树要设置保护围栏。围栏距树干2米~3米，选用与周围景观及建筑协调的围栏样式。

（四）**设置避雷针**　古树高耸且电荷量大，易遭雷电袭击。高大的古树应安装避雷装置，以防雷击。

五、古树林地抚育

古树林地，应通过合理间伐、去杂等措施改善透风透光条件，减少养分竞争。同时种植胡枝子、杭子梢、绣线菊等乡土植物，以及蛇梅、麦冬、苜蓿等地被植物，增加肥力，改善古树的生长环境。

六、病虫害综合防治

古树树势衰弱，极易受到病虫危害，主要害虫有双条杉天牛、小蠹甲、松大蚜、柏大蚜、新渡户树蜂等。要根据病害虫发生规律，采取化学、生物、物理等措施进行综合防治。

（一）树干缠麻处理 对衰弱古树采用缠麻袋片的方法阻隔树蜂产卵，方法简单，效果显著。具体方法是，在树蜂危害期用经药液（高效低毒类药剂）浸泡过的麻袋片将树干、树枝裹缠。麻袋片宽30厘米~40厘米，袋片两边回折，缠麻时从上往下缠绕，同时下圈麻袋片压住上圈5厘米左右。对于缠麻处理的古树需定期打药封干（见图6）。

图6 衰弱古松缠麻处理

（二）生物防治 于害虫发生期在古树林地释放管氏肿腿蜂防治双条杉天牛，释放蒲螨防治小蠹，释放瓢虫防治蚜虫及红蜘蛛等，可持续控制害虫，恢复自然生态环境。

（三）物理防治 在双条杉天牛、树蜂成虫产卵期，在古树林中背风向阳处均匀设置诱木，引诱成虫产卵，监测、诱杀双条杉天牛和树蜂（见图7）。

七、管理措施

（一）古树是有生命的国宝，保护古树人人有责。要加强保护古树的宣传，提高公众爱护、保护古树的意识，依靠全社会的力量对古树进行监管和保护。

图7 设置松木监测和诱杀树蜂

（二）**加强管理，完善日常巡查制度。**落实管护责任制，制订养护管理方案，定期做好普查、巡查工作。

（三）**依法保护古树，加大执法力度。**力求从根本上消除忽视、损害、甚至破坏古树的违法行为。在古树树冠垂直投影外5米内禁止新建建筑物以及挖坑、取土、倾倒有害物质等。

2007年5月，香山公园对两株由于深埋导致衰弱的古油松采取囤埋处理、复壮沟、缠麻、支撑、水肥等养护措施抢救。2008年9月，对两株古油松的生长量进行了测量（见表8）。

表8 复壮前后两株衰弱古油松生长量对照

生长地点	年份	枝条长（厘米）	针叶束（个）	针叶长（厘米）
静翠湖	2007年	0.68	16.4	11.1
	2008年	0.71	16.7	10.6
东门外	2007年	0.34	13.2	9.4
	2008年	0.53	17.4	10.3

从上表可以看出，2008年两株古油松的枝条长、针叶束均大于2007年，生长势有所恢复。从外观上观察，两株古松在2006年未采取保护措施前尚有大枝干黄枯死现象，树势极度衰弱，采取复壮措施后，衰弱趋势逐步得到控制。

贵州省榕江县忠诚镇"生死恋"古树

第二部分

古树名木保护管理法规和规范性文件

东莞树龄160多年的菠萝蜜

国家有关法规对古树名木保护作出的规定（摘录）

《环境保护法》第十七条：各级人民政府对具有代表性的各种类型的自然生态系统区域，珍稀、濒危的野生动植物自然分布区域，重要的水源涵养区域，具有重大科学文化价值的地质构造、著名溶洞和化石分布区、冰川、火山、温泉等自然遗迹，以及人文遗迹、古树名木，应当采取措施加以保护，严禁破坏。

《森林法》第二十四条规定："对自然保护区以外的珍贵树木应当认真保护；未经省、自治区、直辖市林业主管部门批准，不得采集。"

《最高人民法院关于审理破坏森林资源刑事案件具体应用法律若干问题的司法解释》（法释〔2000〕36号）第一条规定："刑法说的'珍贵树木'，包括由省级以上林业主管部门或者其他部门确定的具有重大历史纪念意义、科学研究价值或者年代久远的古树名木。"

《中华人民共和国城市绿化条例》第二十五条：百年以上树龄的树木，稀有、珍贵树木，具有历史价值或者重要纪念意义的树木，均属古树名木。

对城市古树名木实行统一管理，分别养护。城市人民政府城市绿化行政主管部门，应当建立古树名木的档案和标志，划定保护范围，加强养护管理。在单位管界内或者私人庭院内的古树名木，由该单位或者居民负责养护，城市人民政府城市绿化行政主管部门负责监督和技术指导。

严禁砍伐或者迁移古树名木。因特殊需要迁移古树名木，必须经城市人民政府城市绿化行政主管部门审查同意，并报同级或者上级人民政府批准。

第二十七条　违反本条例规定，有下列行为之一的，由城市人民政府城市绿化行政主管部门或者其授权的单位责令停止侵害，可以并处罚款；造成损失的，应当负赔偿责任；应当给予治安管理处罚的，依照《中华人民共和国治安管理处罚条例》的有关规定处罚；构成犯罪的，依法追究刑事责任：

(一)损坏城市树木花草的；

(二)擅自修剪或者砍伐城市树木的；

(三)砍伐、擅自迁移古树名木或者因养护不善致使古树名木受到损伤或者死亡的；

(四)损坏城市绿化设施的。

全国绿化委员会关于加强保护古树名木工作的决定

全绿字[1996]7号

各省、自治区、直辖市绿化委员会，各有关部门绿化委员会，中国人民解放军、中国人民武装警察部队绿化委员会，新疆生产建设兵团绿化委员会：

我国幅员辽阔，历史悠久，自然文化遗产丰富。百年以上树龄的树木，稀有、珍贵树木，具有历史价值和重要纪念意义的树木等古树名木，是我国林木资源中的瑰宝，也是自然界和前人留下的珍贵遗产，具有重要的科学、文化、经济价值。加强古树名木的保护，发展珍贵稀有和有纪念意义的树木，对于弘扬民族精神，普及林业科学知识，增强人们绿化意识和环境意识，促进社会主义精神文明和物质文明建设都具有十分重要的意义。为此，全国绿化委员会作出如下决定：

一、要通过绿化美化知识的普及、历史文化传统教育和观赏旅游等多种形式，大力开展保护古树名木的宣传教育。增强全社会对保护古树名木重要意义的认识，弘扬中华民族爱树护林的优良传统。

二、各地、各部门和广大群众都要严格执行国家、地方法律、法规的有关规定，依法做好保护古树名木的工作。要认真总结以往保护复壮古树名木的经验，进一步落实各项保护管理措施。古树名木资源情况尚不清楚的城镇、乡村要在普查的基础上，建立古树名木档案，制订和完善管理制度，落实管护责任，严禁一切损害古树名木的行为。

三、全国各地的村、乡和城镇都要在绿化规划的指导下，选择适宜本地生长、寿命长、价值高、具有科学意义和纪念意义的优良树种，组织群众精心栽植、培育，加强保护，世代相传。

各级绿化委员会要加强对保护发展古树名木工作的统一领导、组织协调和督促检查。各级林业、园林等有关部门要分工负责，密切配合，把这项工作作为增强全民绿化意识，促进社会主义精神文明建设的一项重要工作，切实抓出成效。

具体实施办法，由全国绿化委员会办公室组织有关部门另行制定。

一九九六年四月一日

全国绿化委员会　国家林业局
关于开展古树名木普查建档工作的通知

全绿字[2001]15号

各省、自治区、直辖市绿化委员会、林业厅（局），各有关部门（系统）绿化委员会，中国人民解放军、中国人民武装警察部队绿化委员会：

　　古树名木是中华民族悠久历史与文化的象征，是绿色文物，活的化石，是自然界和前人留给我们的无价珍宝。但长期以来，由于多种原因，古树名木遭受破坏现象严重，数量急剧减少。为保护好现存古树名木，全国绿化委员会、国家林业局决定在全国范围组织开展古树名木普查建档工作，为今后开展古树名木保护工作打好基础。现将《全国古树名木普查建档技术规定》印发给你们，请遵照执行。对这次普查建档工作，各地、各有关部门要高度重视，各级绿化委员会要做好组织协调工作，各有关部门要通力配合。各省、自治区、直辖市的普查成果，请于 2002 年 12 月 31 日以前报送全国绿化委员会办公室。

　　附件：全国古树名木普查建档技术规定（详见本书第三部分）

二〇〇一年九月二十六日

全国绿化委员会 国家林业局
关于禁止大树古树移植进城的通知

全绿字[2009]8号

各省、自治区、直辖市、新疆生产建设兵团绿化委员会、林业厅（局）：

近年来，一些地方为追求城市快速绿化效果，大量移植大树古树进城，不仅造成树木原生地森林资源和自然生态、景观的破坏，而且由于移植过程强度修枝、切冠，加之养护跟不上，移植成活率低，对森林资源保护和城乡绿化事业发展造成了极为不利的影响。为了深入贯彻落实科学发展观，统筹城乡绿化建设，保护珍贵野生树种资源及自然生态环境，促进国土绿化和生态建设事业健康发展，现就禁止大树古树移植进城的有关事项通知如下：

一、加强宣传教育，进一步促进全社会树立正确的生态文明观。各级绿化委员会、林业主管部门要从深入贯彻落实科学发展观，保护森林资源和自然生态环境，建设生态文明的高度，从思想源头抓起，积极做好禁止大树古树移植进城的宣传教育工作。要通过报刊、广播、电视、网络、移动通信以及板报、标语等形式重点宣传移植大树古树的危害。要通过宣传，讲清挖掘大树，异地栽植，违背树木生长的自然规律、改变树木赖以生存的自然环境、不利于树木生长、破坏原生生态的道理。要宣传从山上或农村移植树木到城里搞绿化，是一种拆东墙补西墙的做法，不仅不增加森林碳汇，而且还破坏森林资源，极不利于巩固多年的林业建设成果。要宣传移植大树成本费用很高，不符合建设节约型社会的要求。要大力宣传树木学、生态学、生态文化和生态文明知识，弘扬生态道德，大兴爱护树木新风尚，增强全社会爱护树木、保护森林的自觉意识。

二、大力发展苗木基地，保障城市绿化需要。要积极发展本地育苗基地，定向培育适合城市造林绿化的乡土、珍贵、优质苗木，为城市增绿提供充足的苗木资源。大苗处于生长发育的旺盛期，在园林城市、森林城市、生态城市等重点绿化工程建设中使用，可以起到加快城市绿化、美化的作用。各地要做好苗木生产规划，调整不合理的苗木生产结构。苗木生产要与保护生物多样性相结合，重视培养乡土树种苗木，并在良种繁育上下功夫，努力培育珍贵树种和速生苗木。同时，要做好农村家庭苗圃的技术指导，注重苗木生产与城市绿化有机衔接，积极引导城市绿化采用适生大苗，以大苗栽植替代大树移植。

三、规范树木采挖管理，切实保护和发展好森林资源。各地要认真贯彻落实《国家林业局关于规范树木采挖管理有关问题的通知》(林资发[2003]41号)精神，采取切实有效措施，坚决遏制大树进城之风。对古树名木、列入国家重点保护植物名录的树木、自然保护区或森林公园内的树木、天然林木、防护林、风景林、母树林以及名胜古迹、革命纪念地、其他生态环境脆弱地区的树木等，禁止移植。对确因基本建设征占用林地或道路拓宽、旧城改造等特殊情况，需要移植树木的，需由建设单位提出申请，报林业等有审批权的部门审批后方可移植，并妥善保护管理。移植要讲究科学，确保成活。

全国绿化委员会　国家林业局

二〇〇九年五月十三日

国家林业局关于规范树木采挖管理有关问题的通知

林资发[2003]41号

各省、自治区、直辖市林业（农林）厅（局），内蒙古、吉林、黑龙江、大兴安岭森工（林业）集团公司，新疆生产建设兵团林业局：

近年来，随着社会经济发展和人民生活水平的不断提高，对绿化、美化的要求越来越高，有些地方为了加快绿化美化的进程，直接采挖多年生树木进行异地移植和经营，由于受经济利益驱动，一些地方乱采乱挖树木，毁林毁地，对森林资源和生态环境造成了破坏。为规范树木移植、制止乱采乱挖，现就有关问题通知如下：

一、采挖树木应以有利于森林资源保护，不破坏森林、树木、林地为前提，由县级以上林业主管部门按照国家有关林木采伐的规定进行管理。

二、自然保护区、名胜古迹、革命纪念地，国家规定的重点防护林和古树名木，以及生态地位极端重要、生态环境极端脆弱的特殊保护区和重点保护区的树木，严禁采挖。

三、采挖树木由林权单位或个人向县级以上林业主管部门提出申请，并提交采挖作业设计文件和林地植被恢复措施，办理林木采伐许可证后方可采挖。

林业主管部门核发林木采伐许可证时要注明"树木采挖"项目，同时应当对批准的采挖作业进行监督管理，并主动提供有关技术服务，以提高采挖树木的成活率，巩固绿化成果。

四、采挖国家重点保护野生植物和珍贵树木的，要严格按照《中华人民共和国野生植物保护条例》和《国家林业局关于实行国家重点保护野生植物采集证有关问题的通知》的有关规定办理。

五、经营（加工）采挖树木必须经县级以上林业主管部门批准，任何单位和个人不得收购未经批准采挖的树木。

六、运输采挖树木的，要依法办理木材运输证，实行凭证运输。木材检查站要加强对采挖树木运输的监督检查。

七、申请采挖树木的单位和个人，必须采取林地、植被保护措施，并依法缴纳林业规费。采挖时不得破坏周边的林地和植被，采挖后限期恢复林业生产条件，并补植所采挖株数一倍以上的树木。

八、未经批准擅自采挖、运输、收购采挖树木，或者因采挖树木造成林地、植被破坏的，要依照法律法规关于林木采伐、林地管理、木材运输和收购的规定进行处罚。

九、本通知所称采挖的树木包括活立木、再生树蔸、树桩；生态地位极端重要、生态环境极端脆弱的特殊保护区和重点保护区的具体范围参照国家标准《生态公益林建设—导则》(GB / T18337.1—2001)。

十、地方性法规对采挖树木有具体规定的，可按地方法规执行。

各省(区、市)林业主管部门可结合本地实际,制定具体的管理办法,报国家林业局备案。要认真贯彻落实本通知精神，严格加强对采挖树木的监督管理，严厉打击乱采乱挖、毁林毁地行为。

二○○三年四月七日

全国绿化委员会办公室关于古树名木挂牌有关问题的通知

全绿办[2004]18号

各省、自治区、直辖市、计划单列市绿化委员会办公室：

为了切实加强古树名木的保护工作，根据全国绿化委员会、国家林业局制订的《全国古树名木普查建档技术规定》(全绿字[2001]15号文件)，现就设立古树名木标牌工作提出如下意见：

一、标牌应有的内容：树木名称、科属、编号、树龄、保护级别、挂牌单位和日期；

二、挂牌单位：地方人民政府；

三、标牌本着应耐雨水、抗风蚀和具备永久性，其质地和规格由各省制定。

请你们根据以上意见，抓紧组织落实古树名木挂牌工作。并将情况及时反馈全国绿化委员会办公室。

附件：古树名木标牌参考式样

二〇〇四年七月二十六日

附件：

古树名木标牌参考式样

国家一级古树	编号：00001

银 杏

Ginkgo Biloba

银杏科 银杏属 树龄 800 年

XXXX人民政府

二〇〇四年六月制

陕西省古树名木保护条例

(2010年7月29日陕西省第十一届人民代表大会常务委员会第十六次会议通过)

第一章 总则

第一条 为了保护古树名木资源，促进生态文明建设，根据《中华人民共和国森林法》和国务院《城市绿化条例》，结合本省实际，制定本条例。

第二条 本条例适用于本省行政区域内古树名木的保护管理工作。

第三条 本条例所称古树，是指树龄在一百年以上的树木。本条例所称名木，是指珍贵稀有树木或者具有重要历史、文化、科学研究价值和纪念意义的树木。

第四条 古树名木保护坚持以政府保护为主，专业保护与公众保护相结合、定期养护与日常养护相结合的原则。

第五条 县级以上人民政府应当将古树名木保护纳入城乡建设总体规划，并将古树名木保护所需经费列入本级财政预算。

第六条 县级以上人民政府绿化委员会组织和协调本行政区域内古树名木的保护管理工作。县级以上人民政府林业、城市园林绿化行政主管部门为本行政区域内古树名木行政主管部门。林业行政主管部门负责城市规划区以外的古树名木保护管理工作；城市园林绿化行政主管部门负责城市规划区以内的古树名木保护管理工作。县级以上人民政府规划、建设、财政、环境保护、文物、市政等相关部门按照各自职责，做好古树名木保护管理工作。

第七条 县级以上古树名木行政主管部门应当加强古树名木保护的科学研究，推广应用科学研究成果，普及保护知识，提高保护和管理水平。

第八条 单位和个人有保护古树名木及其管护设施的义务，对损害古树名木的行为有权制止或者举报。古树名木行政主管部门对在古树名木保护工作中作出突出贡献的单位和个人应当予以表彰和奖励。

第二章 古树名木的管理

第九条 古树实行分级保护。树龄在一千年以上的古树，实施特级保护；树龄在五百年以上不足一千年的古树，实施一级保护；树龄在三百年以上不足五百年的古树，实施二级保护；树龄在一百年以上不足三百年的古树，实施三级保护。名木实行一级保护。古树名木分级保护的具体实施办法由省绿化委员会制定。

第十条 设区的市古树名木行政主管部门负责辖区内古树名木的认定，经市绿化委员会审查确认后，报市人民政府公布，并报省绿化委员会备案。

第十一条 县级人民政府对已公布的古树名木设立标志，悬挂保护牌。古树名木标志和保护牌由省绿化委员会统一制定和编号。古树名木保护牌应当标明古树或者名木的中文名称、学名、科名、树龄、保护级别、编号、养护责任单位或者个人等内容。单位和个人不得损毁古树名木标志、保护牌等设施。

第十二条 县级古树名木行政主管部门对本行政区域内的古树名木资源定期普查，登记造册，由设区的市古树名木行政主管部门汇总后，建立本市古树名木图文数据档案，报省绿化委员会备案。古树名木图文数据档案应当根据树木生长、存活情况及时更新。省绿化委员会负责全省古树名木图文数据库建设，对古树名木资源进行网上动态监测管理。全省古树名木资源每十年普查一次。

第十三条 禁止下列损毁古树名木的行为：

(一)砍伐；

(二)擅自移植；

(三)刻划钉钉、剥皮挖根、攀树折枝、缠绕悬挂物品或者将古树名木作为支撑物；

(四)在古树名木树冠垂直投影向外五米范围内进行建筑施工、硬化地面、挖坑取土、动用明火、排放烟气、倾倒污水垃圾、堆放易燃物、堆放倾倒有毒有害物品等；

(五)其他损害古树名木生长的行为。对影响和危害古树名木生长的生产、生活设施，由古树名木行政主管部门责令有关单位或者个人限期采取措施，消除影响和危害。

第十四条 规划部门制定城乡建设控制性详细规划，应当在古树群和特级保护古树周围划出建设控制地带，保护古树群的生长环境和风貌。建设项目影响古树名木正常生长的，应当采取避让措施。无法避让的，建设单位施工前制定古树名木保护方案，按照古树名木保护级别报相应的古树名木行政主管部门。古树名木行政主管部门收到保护方案后，对符合养护技术规范的，在十日内予以批准，对不符合养护技术规范的，不予批准，并对保护方案提出修改意见。建设单位应当按照修改意见修改保护方案后，重新报批。

第十五条 有下列情形之一的，可以采取移植古树名木的保护措施：

(一)原生长环境不适宜古树名木继续生长，可能导致古树名木死亡的；

(二)公共基础设施或者重要建设项目无法避让的；

(三)科学研究等特殊需要的。

第十六条 移植古树名木，按照下列规定向古树名木行政主管部门提出申请：

(一)移植特级、一级保护古树和名木的，向省古树名木行政主管部门提出申请，经其审查同意后，报省人民政府批准；

(二)移植二级保护古树的，向设区的市古树名木行政主管部门提出申请，经其审查并报设区的市人民政府同意后，报省古树名木行政主管部门批准；

(三)移植三级保护古树的，向设区的市古树名木行政主管部门提出申请，经其审查同意后，报本级人民政府批准。

第十七条 申请移植古树名木应当提交下列材料：

（一）移植申请书，包括树种、编号、移出地、移入地、移植理由及相关建设工程规划图等内容；

（二）移植施工方案，包括必要的移植技术和养护措施等内容。

第十八条 古树名木行政主管部门自受理古树名木移植申请之日起二十个工作日内，组织有关专家对移植申请及移植施工方案可行性论证，对符合移植条件的，按规定报批；不符合移植条件的，书面告知申请人并说明理由。古树名木经批准移植的，省、设区的市绿化委员会应当及时更新古树名木图文数据。

第十九条 移植古树名木时，移出地与移入地的古树名木行政主管部门应当办理移植登记，变更养护责任人。

第二十条 古树名木的移植和移植后五年内的养护，由专业造林、绿化养护单位负责，所需费用由移植申请单位承担。

第二十一条 古树名木的生长状况对公众生命、财产安全可能造成危害的，按照古树名木的保护级别，由相应的古树名木行政主管部门采取防护措施。采取防护措施后仍无法消除危害的，可以采取移植、修剪或者搬迁住户等处理措施。

单位或者个人因保护古树名木财产受到损失或者需要搬迁的，由县级以上古树名木行政主管部门给予补偿，农村住户由当地政府按照宅基地置换处理，城市住户由当地政府按照不低于原住宅面积给予安置。

第二十二条 古树名木死亡的，养护责任单位或者个人应当及时报告县级古树名木行政主管部门。县级古树名木行政主管部门按照管理级别报有管辖权的古树名木行政主管部门，由其在五个工作日内组织专业技术人员进行确认，查明原因和责任后注销档案，并报本级人民政府绿化委员会备案。具有景观、文化、历史等特殊价值的古树名木死亡，经古树名木行政主管部门确认后，由有关管理单位采取措施处理后予以保留。单位和个人不得擅自处理未经古树名木行政主管部门确认死亡的古树名木。

第二十三条 县级以上古树名木行政主管部门应当建立举报制度，公布举报电话号码，对公众举报的损害古树名木的违法行为及时查处。

第三章　古树名木的养护

第二十四条 古树名木实行养护责任制：

（一）机关、部队、学校、团体、企业事业单位用地范围内的古树名木，由所在单位负责养护；

（二）铁路、公路两旁，河堤两岸，水库周围等地的古树名木，由铁路、公路和水利工程管理单位负责养护；

（三）城镇住宅小区、居民院落的古树名木，由所有权人负责养护，所有权人可以委托物业管理公司或者专业机构养护；

（四）城市街巷、绿地、公园以及其他公共设施用地范围内的古树名木，由城市园林绿化管理单位负责养护；

(五)林业场圃、风景名胜区、森林公园、自然保护区范围内的古树名木，由其管理机构负责养护；

(六)文物保护单位、宗教活动场所用地范围内的古树名木，由其管理单位负责养护；

(七)农村集体所有的古树名木，由村民委员会或者村民小组负责养护；

(八)承包土地上的古树名木，由承包人负责养护；

(九)个人所有的古树名木，由个人负责养护。

第二十五条　古树名木生长地土地所有权或者使用权发生变更的，自变更之日起，由新的所有权人或者使用权人承担古树名木的养护责任。

第二十六条　县级古树名木行政主管部门与养护单位或者个人(以下简称养护责任人)签订养护责任书，明确养护责任。养护责任人按照养护责任书的要求，负责古树名木的日常养护。养护责任人未按照养护责任书的要求履行古树名木养护职责，造成古树名木损害后果的，按照养护责任书的约定承担责任。古树名木养护责任人变更的，应当重新签订养护责任书。

第二十七条　养护责任人应当在古树名木行政主管部门的指导下，做好松土、浇水等日常养护工作，并防止对古树名木的人为损害。

第二十八条　省绿化委员会根据本省古树名木保护需要，制定养护技术标准。古树名木行政主管部门及其所属的专业造林、绿化养护单位，应当无偿向养护责任人提供必要的养护知识培训和养护技术指导，并定期对古树名木进行施肥和防治病虫害等专业养护。养护责任人应当按照养护技术标准进行养护，可以向古树名木行政主管部门或其所属的专业造林、绿化养护单位咨询养护知识。

第二十九条　古树名木发生病虫害或者遭受自然损害、人为损害，出现明显衰弱、濒危症状的，养护责任人应当及时报告县级古树名木行政主管部门。县级古树名木行政主管部门按照管理级别报有管辖权的古树名木行政主管部门处理。负有管辖职责的古树名木行政主管部门接到报告后五个工作日内，应当组织专家和技术人员现场调查，查明原因和责任，采取措施救治和复壮。

第三十条　县级古树名木行政主管部门按照下列规定对古树名木定期检查：

(一)特级、一级保护的古树和名木，每半年检查一次；

(二)二级、三级保护的古树，每年检查一次。发现古树名木生长有异常或者环境状况影响古树名木生长的，应当先行采取抢救措施，并向上一级古树名木行政主管部门报告。

第三十一条　古树名木的日常养护费用由养护责任人承担。县级以上古树名木行政主管部门对养护责任人应当给予补助。

第三十二条　鼓励单位、个人捐资保护古树名木和认养古树。捐资保护古树名木的，享有一定期限的捐资标注权；认养古树的，在古树名木行政主管部门确定的范围内选择，享有认养期限内的署名权。

第四章　法律责任

第三十三条 违反本条例第十一条第三款规定，损毁古树名木标志、保护牌等设施的，由县级以上古树名木行政主管部门责令赔偿损失，可以处一百元以上五百元以下罚款。

第三十四条 违反本条例第十三条第(一)项规定，砍伐古树名木的，由县级以上古树名木行政主管部门责令停止违法行为，没收违法砍伐的古树名木和违法所得，赔偿损失，并按下列规定处罚：

(一)砍伐特级保护古树的，每株处三十万元以上五十万元以下罚款；

(二)砍伐一级保护古树和名木的，每株处十万元以上三十万元以下罚款；

(三)砍伐二级保护古树的，每株处五万元以上十万元以下罚款；

(四)砍伐三级保护古树的，每株处三万元以上五万元以下罚款。

第三十五条 违反本条例第十三条第(二)项规定，擅自移植古树名木的，由县级以上古树名木行政主管部门责令停止违法行为，没收违法所得，并按下列规定处罚：

(一)擅自移植特级保护古树的，每株处十万元以上二十万元以下罚款；

(二)擅自移植一级保护古树和名木的，每株处五万元以上十万元以下罚款；

(三)擅自移植二级保护古树的，每株处三万元以上五万元以下罚款；

(四)擅自移植三级保护古树的，每株处一万元以上三万元以下罚款。擅自移植古树名木，造成古树名木死亡的，依照本条例第三十四条的规定实施行政处罚。擅自移植古树名木，造成古树名木死亡或者受到损害的，承担赔偿责任。

第三十六条 违反本条例第十三条第(三)项、第(四)项、第(五)项规定的，由县级以上古树名木行政主管部门责令改正，处五百元以上五千元以下的罚款。违法行为造成古树名木死亡的，依照本条例第三十四条的规定实施行政处罚。违法行为造成古树名木死亡或者受到损害的，承担赔偿责任。

第三十七条 违反本条例第二十二条第三款规定，擅自处理未经古树名木行政主管部门确认死亡的古树名木的，由县级以上古树名木行政主管部门责令停止违法行为，没收违法所得，每株处五千元以上二万元以下的罚款。

第三十八条 违反本条例规定砍伐、损毁古树名木构成犯罪的，依法追究刑事责任。

第三十九条 古树名木行政主管部门依据本条例的规定，处十万元以上罚款，应当告知当事人有要求听证的权利。

第四十条 古树名木行政主管部门因保护管理措施不力，或者工作人员滥用职权、徇私舞弊、玩忽职守致使古树名木损害或者死亡的，由其所在单位或者上级主管部门对直接负责的主管人员和其他直接责任人员依法给予行政处分；构成犯罪的，依法追究刑事责任。

第四十一条 古树名木价值评估办法，由省价格行政主管部门会同省绿化委员会制定。

第五章　附则

第四十二条 本条例自2010年10月1日起施行。

安徽省古树名木保护条例

(2009年12月16日安徽省第十一届人民代表大会常务委员会第十五次会议通过)

第一章 总则

第一条 为了加强古树名木保护，合理利用古树名木资源，促进生态文明建设，根据《中华人民共和国森林法》等法律、行政法规，结合本省实际，制定本条例。

第二条 本条例适用于本省行政区域内古树名木的保护管理。

本条例所指古树，是指树龄100年以上的树木。

本条例所指名木，是指具有历史价值或者重要纪念意义的树木。

第三条 古树名木实行属地保护管理。保护古树名木坚持以政府保护为主，专业保护与公众保护相结合的原则。

第四条 各级人民政府应当加强对古树名木保护的宣传教育，增强公众保护意识，鼓励和促进古树名木保护的科学研究，推广古树名木保护的科研成果和技术，提高古树名木的保护水平。

县级以上人民政府应当按照古树名木保护级别，分别安排经费，专项用于古树名木的资源调查、认定、保护、抢救以及古树名木保护的宣传、培训等工作。

第五条 县级以上人民政府绿化委员会统一组织、协调本行政区域内古树名木的保护管理工作。

县级以上人民政府林业、城市绿化等行政主管部门按照各自职责，负责古树名木的保护管理工作。

第六条 鼓励单位和个人向国家捐献古树名木以及捐资保护、认养古树名木。

各级人民政府应当对捐献古树名木以及保护古树名木成绩显著的单位或者个人，给予表彰和奖励。

第二章 认定

第七条 县级以上人民政府绿化委员会应当组织林业、城市绿化行政主管部门每5年对本行政区域内古树名木资源进行普查，对古树名木进行登记、编号、拍照，建立资源档案。

鼓励单位和个人向县级以上人民政府林业、城市绿化行政主管部门报告发现的古树名木资源。接到报告的林业、城市绿化行政主管部门应当及时进行调查，更新古树名木资源档案。

第八条 古树按照下列标准分级：

(一)树龄500年以上的古树为一级；

(二)树龄300年以上不满500年的古树为二级；

(三)树龄100年以上不满300年的古树为三级。

名木按照一级古树保护。

第九条 古树名木按照下列规定进行认定：

(一)一级古树、名木由省人民政府绿化委员会组织林业、城市绿化行政主管部门成立专家委员会进行鉴定，报省人民政府认定后公布；

(二)二级古树由设区的市人民政府绿化委员会组织林业、城市绿化行政主管部门成立专家委员会进行鉴定，报设区的市人民政府认定后公布；

(三)三级古树由县级人民政府绿化委员会组织林业、城市绿化行政主管部门成立专家委员会进行鉴定，报县级人民政府认定后公布。

有关单位或者个人对古树名木的认定有异议的，可以向省人民政府绿化委员会提出。省人民政府绿化委员会根据具体情况，可以重新组织鉴定。

第十条 县级以上人民政府林业、城市绿化行政主管部门可以根据当地古树名木资源情况，每5年确定一批树龄接近100年的树木作为古树后备资源，参照三级古树的保护措施实行保护。

第三章　养护

第十一条 县级以上人民政府林业、城市绿化行政主管部门按照下列规定，确定古树名木的养护责任单位：

(一)在机关、部队、企业事业单位等用地范围内的古树名木，所在单位为养护责任单位；

(二)在铁路、公路、江河堤坝和水库湖渠用地范围内的古树名木，铁路、公路和水利工程管理单位为养护责任单位；

(三)在自然保护区、森林公园、风景名胜区、地质公园用地范围内的古树名木，该园区的管理机构为养护责任单位；

(四)在文物保护单位、寺庙等用地范围内的古树名木，所在单位为养护责任单位；

(五)在城市道路、街巷、绿地以及其他公共设施用地范围内的古树名木，城市园林绿化管理单位为养护责任单位；

(六)在农村集体所有土地范围内的古树名木，该村民委员会或者村民小组为养护责任单位。

私人所有的古树名木，所有者为养护责任人。

在城市住宅小区范围内的古树名木，由住宅小区所在地街道办事处组织养护。

有关单位或者个人对确定的古树名木养护责任有异议的，可以向县级以上人民政府林业、城市绿化行政主管部门申请复核。

第十二条 县级以上人民政府林业、城市绿化行政主管部门应当与养护责任单位或者个人签订养护责任书，明确养护责任和义务。

养护责任单位或者个人应当加强对古树名木的日常养护，保障古树名木正常生长，防范和制止各种损害古树名木的行为，并接受林业、城市绿化行政主管部门的指导和监督检查。

古树名木遭受有害生物危害或者人为和自然损伤，出现明显的生长衰弱、濒危症状的，养护责任单位或者个人应当及时报告所在地县级以上人民政府林业、城市绿化行政主管部门。林业、城市绿化行政主管部门应当在接到报告后及时组织专业技术人员进行现场调查，并采取相应措施对古树名木进行抢救和复壮。

第十三条 省人民政府绿化委员会应当根据名木、古树的级别，组织制定养护技术规范和相应的保护措施，并向社会公布。

县级以上人民政府林业、城市绿化行政主管部门应当加强对古树名木养护技术规范的宣传和培训，指导养护责任单位和个人按照养护技术规范对古树名木进行养护，并无偿提供技术服务。

县级以上人民政府林业、城市绿化行政主管部门应当定期组织专业技术人员对古树名木进行专业养护，发现有害生物危害古树名木或者其他生长异常情况时，应当及时救治。

第十四条 县级以上人民政府林业、城市绿化行政主管部门应当制定预防重大灾害损害古树名木的应急预案。

县级以上人民政府林业、城市绿化行政主管部门在重大灾害发生时，应当及时启动应急预案，组织采取相应措施。

第十五条 古树名木的日常养护费用，由养护责任单位或者个人承担。县级以上人民政府林业、城市绿化行政主管部门应当根据具体情况，对古树名木养护责任单位或者个人给予适当补助。

因保护古树名木，对有关单位或者个人造成财产损失的，由县级以上人民政府林业、城市绿化行政主管部门给予适当补偿。

第四章　管理

第十六条 县级以上人民政府林业、城市绿化行政主管部门应当加强对古树名木保护的监督管理，每年至少组织一次对古树名木工作的检查。

第十七条 古树名木由负责认定的人民政府设立保护牌，并根据实际需要设置保护栏、避雷装置等相应的保护设施。

古树名木保护牌应当标明古树名木名称、学名、科名、树龄、保护级别、编号、养护责任单位或者个人、设置时间以及砍伐、擅自移植或者毁坏古树名木应当承担的法律责任等内容。捐资保护、认养古树名木的单位或者个人可以在古树名木保护牌中享有认养期限内的署名权。

任何单位和个人不得擅自移动或者损毁古树名木保护牌及保护设施。

第十八条 禁止下列损害古树名木的行为：

(一)砍伐；

(二)擅自移植；

(三)刻划、钉钉、剥损树皮、掘根、攀树、折枝、悬挂物品或者以古树名木为支撑物；

(四)在距离古树名木树冠垂直投影5米范围内取土、采石、挖砂、烧火、排烟以及堆放和倾倒有毒有害物品；

(五)危害古树名木正常生长的其他行为。

第十九条 建设项目影响古树名木正常生长的，建设单位应当在施工前制定古树名木保护方案，并按照古树名木保护级别报相应的林业、城市绿化行政主管部门审查。林业、城市绿化行政主管部门应当在收到保护方案后10日内作出审查决定，符合养护技术规范的，经审查同意后，由本级人民政府批准。

古树名木保护方案未经批准，建设单位不得开工建设。

第二十条 有下列情形之一的，可以对古树名木采取移植保护措施：

(一)原生长环境不适宜古树名木继续生长，可能导致古树名木死亡的；

(二)建设项目无法避让的；

(三)科学研究等特殊需要的。

古树名木的生长状况，可能对公众生命、财产安全造成危害的，县级以上人民政府林业、城市绿化行政主管部门应当采取相应的防护措施。采取防护措施后，仍无法消除危害的，报经批准后予以移植。

第二十一条 移植古树名木，应当按照古树名木保护级别向相应的林业、城市绿化行政主管部门提出移植申请，并提交下列材料：

(一)移植申请书；

(二)移植方案；

(三)移入地有关单位或者个人出具的养护责任承诺书。

林业、城市绿化行政主管部门受理移植申请后，应当组织有关专家对移植方案的可行性进行论证，并在30日内审核完毕。经审核同意后，由有权机关依法批准；审核不同意或者不予批准的，应当书面告知申请人并说明理由。

第二十二条 经批准移植的古树名木，由专业绿化作业单位按照批准的移植方案和移植地点实施移植。

移植古树名木的全部费用以及移植后5年内的恢复、养护费用由申请移植单位承担。

第二十三条 古树名木死亡的，养护责任单位或者个人应当按照古树名木保护级别，及时报告相应的林业、城市绿化行政主管部门。林业、城市绿化行政主管部门应当在接到报告后5日内组织专业技术人员进行确认，查明原因和责任后注销登记，并报本级人民政府绿化委员会备案。

任何单位和个人不得擅自处理未经林业、城市绿化行政主管部门确认死亡的古树名木。

经林业、城市绿化行政主管部门确认死亡的古树名木具有景观价值的，可以采取相应措施处理后予以保护。

第二十四条 县级以上人民政府林业、城市绿化行政主管部门应当建立举报制度，公布举报电话号码、通信地址或者电子邮件信箱。

任何单位或者个人均有权举报危害古树名木正常生长的违法行为。林业、城市绿化行政主管部门接到举报后，应当依法调查处理。

第五章　法律责任

第二十五条 违反本条例第十二条第二款规定，古树名木养护责任单位或者个人因养护不善致使古树名木损伤的，由县级以上人民政府林业、城市绿化行政主管部门责令改正，并在林业、城市绿化行政主管部门的指导下采取相应的救治措施；拒不采取救治措施的，由林业、城市绿化行政主管部门予以救治，并可处以1000元以上5000元以下的罚款。

第二十六条 违反本条例第十七条第三款规定，擅自移动或者损毁古树名木保护牌及保护设施的，由县级以上人民政府林业、城市绿化行政主管部门责令限期恢复原状，逾期未恢复原状的，由林业、城市绿化行政主管部门代为恢复原状，所需费用由责任人承担。

第二十七条 违反本条例第十八条第一项、第二项规定，砍伐或者擅自移植古树名木，未构成犯罪的，由县级以上人民政府林业、城市绿化行政主管部门责令停止违法行为，没收古树名木，并处以古树名木价值1倍以上5倍以下的罚款；造成损失的，依法承担赔偿责任。

第二十八条 违反本条例第十八条第三项、第四项规定，有下列行为之一的，由县级以上人民政府林业、城市绿化行政主管部门责令停止违法行为、恢复原状或者采取补救措施，并可以按照下列规定处罚：

(一)刻划、钉钉、攀树、折枝、悬挂物品或者以古树名木为支撑物的，处以200元以上1000元以下的罚款；

(二)在距离古树名木树冠垂直投影5米范围内取土、采石、挖砂、烧火、排烟以及堆放和倾倒有毒有害物品的，处以1000元以上5000元以下的罚款；

(三)剥损树皮、掘根的，处以2000元以上1万元以下的罚款。

前款违法行为导致古树名木死亡的，依照本条例第二十七条规定处罚。

第二十九条 违反本条例第十九条第二款规定，古树名木保护方案未经批准，建设单位擅自开工建设的，由县级以上人民政府林业、城市绿化行政主管部门责令限期改正或者采取其他补救措施；造成古树名木死亡的，依照本条例第二十七条规定处罚。

第三十条 违反本条例第二十三条第二款规定，擅自处理未经林业、城市绿化行政主管部门确认死亡的古树名木的，由县级以上人民政府林业、城市绿化行政主管部门没收违法所得，每株处以2000元以上1万元以下的罚款。

第三十一条　县级以上人民政府林业、城市绿化行政主管部门违反本条例规定，有下列情形之一，未构成犯罪的，对直接负责的主管人员和其他直接责任人员依法给予行政处分：

　　(一)违反规定认定古树名木的；

　　(二)未依法履行古树名木保护与监督管理职责的；

　　(三)违法批准移植古树名木的；

　　(四)其他滥用职权、徇私舞弊、玩忽职守行为的。

　　第六章　附则

　　第三十二条　本条例自2010年3月12日起施行。

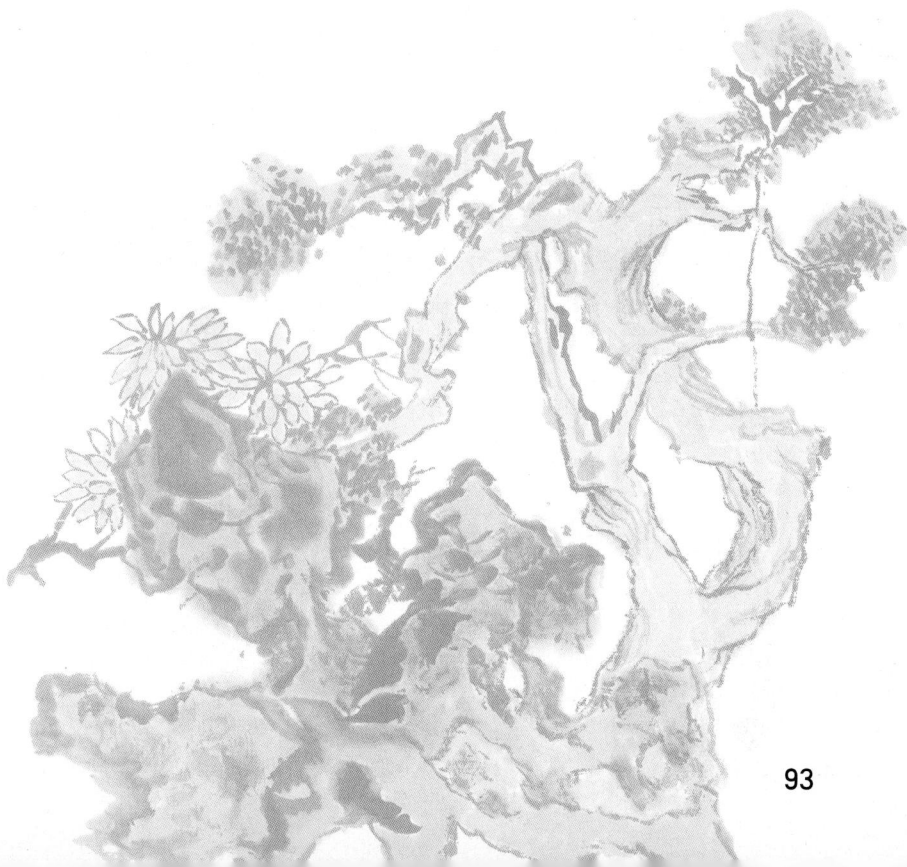

江西省古树名木保护条例

（2004 年 11 月 26 日江西省第十届人民代表大会常务委员会第十二次会议通过）

第一条 为加强对古树名木的保护，促进生态环境建设和经济社会的协调发展，根据《中华人民共和国森林法》、《中华人民共和国野生植物保护条例》和《城市绿化条例》等有关法律、行政法规的规定，结合本省实际，制定本条例。

第二条 本条例所称古树，是指树龄在 100 年以上的树木。本条例所称名木，是指稀有、珍贵树木或者具有重要历史、文化、科学研究价值和纪念意义的树木。

第三条 本省行政区域内古树名木的保护管理，适用本条例。

第四条 县级以上人民政府林业、城市绿化行政主管部门依照人民政府规定的职责，负责本行政区域内古树名木的保护管理工作。

县级以上人民政府绿化委员会，统一组织、协调古树名木的保护管理工作。

第五条 古树名木实行属地保护管理。古树名木保护应当坚持专业保护与公众保护相结合、定期养护与日常养护相结合的原则。

第六条 各级人民政府应当加强对古树名木保护的宣传教育，鼓励和促进古树名木保护的科学研究，推广古树名木保护科研成果，对保护古树名木成绩突出的单位和个人予以表彰奖励。

第七条 任何单位和个人都有保护古树名木的义务，不得损害和随意处置古树名木，对损害古树名木的行为有批评、劝阻和举报的权利。

对损害古树名木的违法行为，林业、城市绿化行政主管部门应当及时查处。

第八条 县级以上人民政府应当每 5 年至少进行一次古树名木资源普查，对本行政区域内的古树名木进行登记、拍照、编号，建立资源档案，并及时向社会公布。

第九条 古树实行分级保护。树龄 500 年以上的古树实行一级保护，树龄 300 年以上 500 年以下的古树实行二级保护，树龄 100 年以上 300 年以下的古树实行三级保护。

名木均实行一级保护。

第十条 古树名木的保护级别按以下规定进行认定：一级保护古树和名木由省人民政府林业、城市绿化行政主管部门组织鉴定，并报省人民政府同意后予以公布；二级保护古树由设区的市人民政府林业、城市绿化行政主管部门组织鉴定，并报设区的市人民政府同意后予以公布；三级保护古树由县级人民政府林业、城市绿化行政主管部门组织鉴定，并报县级人民政府同意后予以公布。

第十一条 古树名木由所在地县级人民政府设立保护牌。古树名木保护牌应当标明中文名称、学名、科名、树龄、保护级别、编号等内容。

任何单位和个人不得擅自移动或者破坏古树名木保护牌。

第十二条 县级以上人民政府应当按照本条例第十条规定的权限，分别安排经费，专项用于古树名木的资源普查、建档挂牌、复壮、抢救、养护补助、人员培训。

鼓励单位和个人捐资保护、认养古树名木。

第十三条 对国家所有和集体所有的古树名木，县级人民政府在设立保护牌时应当明确养护责任单位，并予以登记和公告。养护责任单位按下列规定确定：

（一）生长在机关、团体、学校、企业事业单位等用地范围内的，所在单位为养护责任单位；实行物业管理的，所委托的物业管理企业为养护责任单位；

（二）生长在铁路、公路、江河堤坝和水库湖渠用地范围内的，铁路、公路和水利工程管理单位为养护责任单位；

（三）生长在林业场圃、森林公园、风景名胜区、自然保护区、自然保护小区用地范围内的，该园区的管理机构为养护责任单位；

（四）生长在文物保护单位用地范围内的，该文物保护单位为养护责任单位；

（五）生长在城市公共绿地的，城市绿化管理单位为养护责任单位；

（六）生长在城镇居住小区或者居民庭院范围内的，业主委托的物业管理企业或者街道办事处为养护责任单位；

（七）生长在农村的，该村民委员会或者村民小组为养护责任单位。个人所有的古树名木，由个人负责养护。

第十四条 养护责任单位和个人应当加强对古树名木的日常养护，防止对古树名木的损害行为。

第十五条 省绿化委员会应当组织制定古树名木养护技术规范。林业、城市绿化行政主管部门应当加强对古树名木养护技术规范的宣传和培训，指导养护责任单位和个人按照养护技术规范对古树名木进行养护，并向他们无偿提供技术服务。

林业、城市绿化行政主管部门应当组织对古树名木的专业养护和管理，对古树名木每年至少组织一次检查，发现病虫害或者其他生长异常情况时，应当及时救治。

第十六条 禁止下列损害古树名木的行为：

（一）砍伐；

（二）擅自迁移；

（三）刻划钉钉、剥损树皮、掘根挖蔸、攀树折枝、采集叶片花果、缠绕悬挂物品或者以古树名木为支撑物等影响古树名木正常生长的；

（四）在古树名木树冠垂直投影外 5 米范围内进行建筑施工、挖坑取土、采石取砂，动用明火、排放烟气，堆放倾倒有毒有害物品等影响古树名木正常生长的；

（五）因硬化固化地面影响古树名木正常生长的。

第十七条　建设项目影响古树名木正常生长的，应当采取避让和保护措施。

建设单位提交的环境影响评价文件中应当包括对古树名木生长影响及避让保护措施等内容。环境保护行政主管部门在审批环境影响评价文件时，应当征求林业、城市绿化行政主管部门的意见。

第十八条　建设项目依法征占用古树名木生长地的土地的，应当按照本条例的规定对古树名木进行保护和养护，并给原古树名木的所有者以适当补偿。

第十九条　因重点工程项目建设，需要迁移古树名木的，应当按照下列规定向林业、城市绿化行政主管部门提出申请：

（一）迁移一级、二级保护古树和名木的，向设区的市人民政府林业、城市绿化行政主管部门提出申请；

（二）迁移三级保护古树的，向县级人民政府林业、城市绿化行政主管部门提出申请。

第二十条　提出迁移古树名木申请时，必须同时提交下列文件：

（一）申请书；

（二）建设项目批准文件；

（三）迁移方案，其中古树名木属集体或者个人所有的，方案中还必须附有迁移补偿协议。

第二十一条　林业、城市绿化行政主管部门自受理迁移申请之日起，应当在20个工作日内对有关申请文件和迁移方案进行初审，并将初审意见和申请材料报上一级人民政府林业、城市绿化行政主管部门审核。

上一级人民政府林业、城市绿化行政主管部门应当在20个工作日内进行审核，审核时必须就迁移方案的可行性组织召开专家论证会和听证会，经审核同意的，报本级人民政府审批；审核不同意或者不予批准的，应当书面告知申请人并说明理由。

第二十二条　迁移古树名木必须符合下列条件，方可批准迁移：

（一）因重点工程项目建设无法避让，或者避让成本过高；

（二）迁移方案可行，迁移技术成熟；

（三）迁移费用已经落实。

第二十三条　迁移古树名木的全部费用以及5年以内的恢复、养护费用由申请迁移单位承担。

第二十四条　古树名木发生病虫害，或者遭受人为和自然损伤，出现了明显的生长衰弱、濒危症状的，养护责任单位和个人应当及时报告当地林业、城市绿化行政主管部门。

林业、城市绿化行政主管部门接到报告后5个工作日内，应当组织专家和技术人员进行现场调查，并采取相关措施对古树名木进行复壮和抢救。

第二十五条　古树名木死亡的，养护责任单位和个人应当及时报告当地林业、城市绿化行政主管部门。

林业、城市绿化行政主管部门应当在接到报告后10个工作日内进行调查、核实，查明原因，明确责任；经确认死亡的，予以注销。

任何单位和个人不得擅自处理未经林业、城市绿化行政主管部门确认死亡的古树名木。

第二十六条 违反本条例第十一条第三款规定，擅自移动或者破坏古树名木保护牌的，由林业、城市绿化行政主管部门责令限期改正；逾期不改正的，处以200元以上500元以下罚款。

第二十七条 违反本条例规定，非法采伐、毁坏古树名木构成犯罪的，依法追究刑事责任；尚未构成犯罪的，由林业、城市绿化行政主管部门责令其停止违法行为，没收违法所得，并按下列规定予以处罚：

（一）砍伐一级保护古树和名木的，按每株处以15万元以上20万元以下罚款；砍伐二级保护古树的，按每株处以10万元以上15万元以下罚款；砍伐三级保护古树的，按每株处以5万元以上10万元以下罚款；

（二）擅自迁移古树名木的，按前项规定处罚；

（三）有本条例第十六条第三项、第四项、第五项行为的，责令其停止违法行为，恢复原状，并处以500元以上5000元以下罚款；情节严重，导致古树名木死亡的，属一级保护古树和名木的，按每株处以10万元以上15万元以下罚款；属二级保护古树的，按每株处以5万元以上10万元以下罚款；属三级保护古树的，按每株处以1万元以上5万元以下罚款。

第二十八条 违反本条例第二十五条规定，擅自处理未经确认死亡的古树名木的，由林业、城市绿化行政主管部门按每株处以500元以上5000元以下罚款；有违法所得的，没收违法所得。

第二十九条 在古树名木保护和管理工作中，林业、城市绿化行政主管部门因保护、整治措施不力，或者因其工作人员滥用职权、徇私舞弊、玩忽职守导致古树名木损伤或者死亡的，由其所在单位或者上级主管机关对直接负责的主管人员和其他直接责任人员依法给予行政处分。

第三十条 本条例自2005年1月1日起施行。

北京市古树名木保护管理条例

(1998 年 6 月 5 日北京市第十一届人民代表大会常务委员会第三次会议通过)

第一条　为了加强古树名木的保护管理，维护古都风貌，根据本市实际情况，制定本条例。

第二条　本条例所称古树，是指树龄在百年以上的树木。凡树龄在三百年以上的树木为一级古树；其余的为二级古树。

本条例所称名木，是指珍贵、稀有的树木和具有历史价值、纪念意义的树木。

本市古树名木由市园林、林业行政主管部门确认和公布。

第三条　市和区、县园林、林业行政主管部门（以下简称古树名木行政主管部门）按照人民政府规定的职责，负责本行政区域内古树名木的保护管理工作。

第四条　本市鼓励单位和个人资助古树名木的管护。

第五条　古树名木行政主管部门应当对管护古树名木成绩显著的单位或者个人给予表彰和奖励。

第六条　任何单位和个人都有保护古树名木及其附属设施的义务，对损伤、破坏古树名木的行为，有权劝阻、检举和控告。

第七条　古树名木行政主管部门应当加强对古树名木保护的科学研究，推广应用科学研究成果，普及保护知识，提高保护和管理水平。

第八条　古树名木行政主管部门应当对本行政区域内的古树名木进行调查登记、鉴定分级、建立档案、设立标志、制定保护措施、确定管护责任者。

古树名木行政主管部门应当定期对古树名木生长和管护情况进行检查；对长势濒危的古树名木提出抢救措施，并监督实施。

第九条　国家所有和集体所有的古树名木的管护责任，按下列规定承担：

（一）生长在机关、团体、部队、企业、事业单位或者公园、风景名胜区和坛庙寺院用地范围内的古树名木，由所在单位管护；

（二）生长在铁路、公路、水库和河道用地管理范围内的古树名木，分别由铁路、公路和水利部门管护；

（三）生长在城市道路、街巷、绿地的古树名木，由园林管理单位管护；

（四）生长在居住小区内或者城镇居民院内的古树名木，由物业管理部门或者街道办事处指定专人管护；

（五）生长在农村集体所有土地上的古树名木，由村经济合作社管护或者由乡、镇人民政府指定专人管护。

个人所有的古树名木，由个人管护。

变更古树名木管护责任单位或者个人，应当到古树名木行政主管部门办理管护责任转移手续。

第十条 古树名木管护费用由管护责任单位或者个人负担；抢救、复壮费用，管护责任单位或者个人负担确有困难的，由古树名木行政主管部门给予补贴。

第十一条 古树名木的管护责任单位或者个人，应当按照技术规范养护管理，保障古树名木正常生长。

古树名木受害或者长势衰弱，管护责任单位或者个人应当及时报告古树名木行政主管部门，并按照古树名木行政主管部门的要求进行治理、复壮。

古树名木死亡，应当报经市古树名木行政主管部门确认，查明原因、责任，方可处理。

第十二条 禁止下列损害古树名木的行为：

（一）刻划钉钉、缠绕绳索、攀树折枝、剥损树皮；

（二）借用树干做支撑物；

（三）擅自采摘果实；

（四）在树冠外缘三米内挖坑取土、动用明火、排放烟气、倾倒污水污物、堆放危害树木生长的物料、修建建筑物或者构筑物；

（五）擅自移植；

（六）砍伐；

（七）其他损害行为。

第十三条 对影响和危害古树名木生长的生产、生活设施，由古树名木行政主管部门责令有关单位或者个人限期采取措施，消除影响和危害。

第十四条 制定城乡建设详细规划，应当在古树群周围划出一定的建设控制地带，保护古树群的生长环境和风貌。

第十五条 建设项目涉及古树名木的，在规划、设计和施工、安装中，应当采取避让保护措施。避让保护措施由建设单位报古树名木行政主管部门批准，未经批准，不得施工。

因特殊情况确需迁移古树名木的，应当经市古树名木行政主管部门审核，报市人民政府批准后，办理移植许可证，按照古树名木移植的有关规定组织施工。移植所需费用，由建设单位承担。

第十六条 古树名木保护措施与其他文物保护单位的保护措施相关时，由古树名木行政主管部门和文物行政主管部门共同制定保护措施。

第十七条 违反本条例第六条规定，损坏古树名木标志和其他附属设施的，由古树名木行政主管部门责令恢复原貌，赔偿损失，并可处以损失额1倍以下的罚款。

第十八条 违反本条例第十一条第一款、第二款规定，不按技术规范养护管理或者不按要求治理、复壮的，由古树名木行政主管部门责令改正；造成古树名木损伤的，每株可以处500元至2000元的罚款；造成死亡的，每株可以处1万元至5万元的罚款。

违反本条例第十一条第三款规定，未经确认擅自处理死亡古树名木的，每株处以2000元至1万元的罚款。

第十九条　违反本条例第十二条第（一）项、第（二）项、第（三）项、第（四）项规定，损害古树名木的，由古树名木行政主管部门责令改正，并处以罚款：

(一)对古树名木损害较轻的，每株处以200元至1000元的罚款；

(二)损害枝干或者根系的，处以损失额1倍至2倍的罚款；

(三)造成死亡的，处以损失额2倍至3倍的罚款。

第二十条　违反本条例第十二条第（六）项规定，砍伐古树名木的，由古树名木行政主管部门处以损失额3倍至5倍的罚款。

第二十一条　违反本条例第十五条第一款规定，未采取避让保护措施的，避让保护措施未经批准或者不按批准的避让保护措施施工的，古树名木行政主管部门有权责令停止施工。造成古树名木损害的，依照本条例有关规定处理。

第二十二条　违反本条例第十二条第（五）项和第十五条第二款规定，擅自移植古树名木的，由古树名木行政主管部门处以损失额1倍至2倍的罚款；造成死亡的，处以损失额2倍至3倍的罚款。原古树名木保护范围不得擅自作为建设用地。

第二十三条　违反本条例规定，损害古树名木的，应当向所有者赔偿损失。

古树名木损失鉴定办法由市古树名木行政主管部门制定。

第二十四条　砍伐、毁坏古树名木，构成犯罪的，依法追究刑事责任。

第二十五条　古树名木行政主管部门的工作人员在古树名木的保护管理工作中，滥用职权，玩忽职守，徇私舞弊的，由其所在单位或者上级主管机关给予行政处分；情节严重，构成犯罪的，依法追究刑事责任。

第二十六条　本条例具体应用中的问题，由市古树名木行政主管部门负责解释。

第二十七条　本条例自1998年8月1日起施行。1986年5月14日市人民政府发布的《北京市古树名木保护管理暂行办法》同时废止。

《北京市古树名木保护管理条例》实施办法

(2007年6月25日北京市园林绿化局发布)

第一条　为了全面实施《北京市古树名木保护管理条例》(以下简称《条例》)，结合本市实际，制定本办法。

第二条　本市古树名木由市园林绿化局根据《古树名木评价标准》确认公布。市园林绿化局应定期组织古树名木普查，根据普查结果对古树名木实行动态管理。

第三条　区、县古树名木主管部门应对行政辖区内的古树名木进行调查登记、建立档案、卫星定位，制定保护措施并确定管护责任单位或责任人，标挂统一的标识，并将上述事项完成情况报市园林绿化局备案。

第四条　本市鼓励单位和个人资助古树名木的管护，提倡认养古树名木。

第五条　古树名木行政主管部门应当对认养古树名木和管护古树名木成绩显著的单位或者个人给予表彰和奖励。

第六条　古树名木应以树冠垂直投影之外三米为界划定保护范围。由于历史原因造成保护范围和空间不足的，应在城市建设和改造中予以调整完善。

第七条　古树名木管护责任单位或责任人应当按照《城市园林绿化养护管理标准》对古树名木进行养护管理。

区、县古树名木主管部门应当定期对古树名木的生长和管护情况进行检查，发现问题应向古树名木管护责任单位或责任人提出整改意见。

第八条　古树名木受害或者长势衰弱，管护责任单位或责任人应制定治理复壮方案，报区、县古树名木主管部门审查并在其指导下实施。

濒危古树名木抢救复壮工程，应由具有相应资质的单位承担。

第九条　古树名木枯枝死杈存在安全隐患需要进行清理的，由古树名木管护责任单位或责任人提出申请并制定方案，经区、县古树名木主管部门审查同意后由古树名木管护责任单位或责任人组织实施。

第十条　古树名木管护费用、古树名木抢救和复壮费用由管护责任单位或责任人、市和区县主管部门共同负担，其数额应根据古树名木抢救复壮和管护需求予以核定。

第十一条　古树名木保护范围内禁止挖坑取土，动用明火，排放烟气、废气，倾倒污水、污物，堆放物料、修建建筑物或者构筑物等危害树木生长的行为。空调室外机排风口应避开古树名木。对影响古树名木生长的各类生产、生活设施，由区、县古树名木主管部门责令有关单位或者个人限期采取措施，消除影响和危害。

第十二条　建设项目规划选址应当在古树名木保护范围以外，因市级以上重点工程等特殊情况涉及古树名木保护范围的，在规划、设计、施工、安装中，应当采取避让保护措施。避让保护措施由建设单位征求古树名木管护责任单位或责任人意见，经所在区、县古树名木主管部门签署意见后，报市园林绿化局审批。

区、县古树名木主管部门应对古树名木避让保护措施的执行进行监督、指导。

第十三条　建设项目涉及古树名木的，在工程建设中，其管护责任由建设单位承担，区、县古树名木主管部门应与其签订临时管护责任书。工程竣工后，管护责任由使用单位依法承担。

第十四条　因市级以上重点工程建设等特殊情况确需迁移古树名木的，建设单位应征得古树名木树权人、管护责任单位或责任人同意，由所在区、县古树名木主管部门审查签署意见后，经市园林绿化局审核，报市人民政府批准，办理移植许可证。区、县古树名木主管部门应对移植工程进行监督、指导，对移植后的古树名木生长情况进行监测，监测情况应当报市园林绿化局备案。

古树名木移植工程应由具有相应资质的专业单位承担。

第十五条　古树名木受伤损害的，应由古树名木管护责任单位或责任人提请具有相应资质的机构依据《古树名木评价标准》作出鉴定。

第十六条　古树名木死亡，管护责任单位或责任人应当及时报告当地区、县古树名木主管部门，经区、县古树名木主管部门审核后报市园林绿化局确认。

经确认死亡的古树名木存在安全隐患的，其管护责任单位或责任人应制定方案及时处置。

第十七条　本办法自发布之日起施行。

天津市古树名木保护管理办法

(1994年2月23日天津市人民政府颁布，1997年12月30日天津市人民政府修订颁布，2004年6月29日根据天津市人民政府《关于修改<天津市古树名木保护管理办法>的决定》重新修订公布)

第一条 古树名木是国家的宝贵财富，为加强对本市古树名木的保护管理，根据国家有关规定，结合本市实际情况，制定本办法。

第二条 凡本市城市规划区内的下列树木，均属古树名木的管理范围：

（一）树龄在百年以上的；

（二）具有历史价值和纪念意义的；

（三）树种珍贵、本市稀有的；

（四）树型奇特、本市罕见的。

第三条 市城市绿化行政主管部门负责本市城市规划区内古树名木的管理工作。古树名木的具体管理工作，由区、县城市绿化行政主管部门负责，业务上受市城市绿化行政主管部门指导。

第四条 凡树龄在100年以上（含100年）的古树以及特别珍贵稀有或具有重要历史价值和纪念意义的名木，由市城市绿化行政主管部门确定为一级保护树木，其余名木确定为二级保护树木。

市城市绿化行政主管部门应将本市古树名木的种类、数量、坐落等情况报市人民政府备案。

第五条 对经鉴定列为应保护的古树名木，城市绿化行政主管部门应统一登记、编号、造册、建立档案，划定保护古树名木范围，设置明显标志，标志由市城市绿化行政主管部门统一制作。

第六条 古树名木生存地的使用单位和个人，为古树名木的养护者，并按下列规定实行责任制：

（一）在公园、绿地、林地、风景游览区、城市道路、里巷的古树名木，由基层城市绿化行政主管部门负责养护；

（二）在机关、部队、院校、团体、企事业及坛、庙、寺、院等单位范围内的古树名木，由所在单位负责养护；

（三）在铁路、公路、河道用地范围内的古树名木，由铁路、公路、河道管理部门负责养护；

（四）在私人庭院内的古树名木，由居民负责养护。

第七条 古树名木的养护者，必须按照市城市绿化行政主管部门制定的古树名木养护管理技术规范，精心养护管理，确保所管古树名木正常生长，并接受城市绿化行政主管部门的指导、监督、检查。

第八条　禁止下列损坏古树名木的行为：

（一）擅自砍伐或迁移古树名木；

（二）攀树折枝，剥损树皮、摘采果实和籽种；

（三）在树上挂物、钉钉、刻划、缠绕绳索；

（四）借树搭棚或做支撑物；

（五）在树冠垂直投影外3米范围内，堆物、挖土、建房、施工作业、倾倒废水、废渣、溶盐雪，兴建永久性或临时建筑；

（六）其他影响古树名木生长的行为。

第九条　古树名木的养护者，发现树木有衰萎现象，应及时报告所在区、县城市绿化行政主管部门，由城市绿化行政主管部门组织力量，采取复壮措施，进行抢救。对经抢救无效，树木确已枯死或确无保留价值的树木，须经城市绿化行政主管部门会同有关部门查明原因后，方可进行处理。

第十条　古树名木的养护管理和复壮所需费用，由古树名木管护的责任单位负责，可以折抵全民义务植树劳动量。

第十一条　生产经营设施影响、危害古树名木生长的，设施产权单位和个人应按城市绿化行政主管部门提出的期限，采取积极措施，消除影响、危害。

第十二条　在征用土地、规划设计或建设施工中，涉及古树名木保护管理的，建设单位必须事先提出保护和避让方案，并向市城市绿化行政主管部门办理备案手续后，方可办理征用土地、规划设计和施工作业手续。

对于因特殊需要，无法避让，非迁移不可的古树名木，应由迁移者作出保证古树名木成活的承诺后，经市城市绿化行政主管部门审核同意，由市人民政府批准。

迁移古树名木所需费用，由申请人承担。

第十三条　保护古树名木人人有责。任何单位和个人对损伤、破坏古树名木的行为，均有权制止或报告主管部门处理。

第十四条　对养护古树名木有突出贡献的单位和个人，由城市绿化行政主管部门给予表彰和奖励。

第十五条　对不履行养护职责或不按技术规范养护致使古树名木衰萎、损伤或擅自处理自然死亡古树名木的，由市、区县城市绿化行政主管部门予以批评教育，责令限期改正，并可视情节处以1000元以下罚款。

第十六条　违反本办法第八条规定，造成下列后果之一的，由市和区、县城市绿化行政主管部门责令其停止违法行为，并视情节轻重，给予经济处罚。对经营性行为处1万元以下罚款；对非经营性行为处1000元以下罚款：

（一）古树名木尚未遭受损伤的；

（二）古树名木已遭受损伤的；

（三）擅自迁移后古树名木虽已成活，但影响古树名木生长的；

（四）擅自砍伐或迁移后古树名木未成活的；

（五）造成古树名木死亡的。

对造成古树名木死亡的，除按前款规定处罚外，还应责令其按一般树木价值的 20 倍赔偿经济损失。

第十七条　违反本办法第十二条第一款规定，未向市城市绿化行政主管部门办理备案手续的，责令限期改正，并可处 1000 元以上 3 万元以下罚款。

第十八条　当事人对城市绿化行政主管部门作出的行政处罚决定不服的，可依法申请行政复议或向人民法院提起行政诉讼。

第十九条　违反本办法规定，触犯《中华人民共和国治安管理处罚条例》的，由公安机关依法处理；构成犯罪的，依法追究刑事责任。

第二十条　本办法自 2004 年 7 月 1 日起施行。

上海市古树名木和古树后续资源保护条例

(2002年7月25日上海市第十一届人民代表大会常务委员会第四十一次会议通过，根据2010年9月17日上海市第十三届人民代表大会常务委员会第二十一次会议通过的《关于修改本市部分地方性法规的决定》修正)

第一条 为了加强古树、名木和古树后续资源的保护，根据有关法律、法规，结合本市实际情况，制定本条例。

第二条 本条例所称古树是指树龄在一百年以上的树木。

本条例所称名木是指下列树木：

(一)树种珍贵、稀有的；

(二)具有重要历史价值或者纪念意义的；

(三)具有重要科研价值的。

本条例所称古树后续资源是指树龄在八十年以上一百年以下的树木。

第三条 本市行政区域内古树、名木和古树后续资源的保护，适用本条例。

第四条 市绿化行政管理部门主管本市古树、名木和古树后续资源保护管理工作，负责本条例的组织实施；其所属的上海市园林绿化监察大队(以下简称市绿化监察大队)按照本条例的授权，实施行政处罚。

区、县管理古树、名木和古树后续资源的部门(以下简称区、县管理古树名木的部门)按照本条例的规定，负责本辖区内古树、名木和古树后续资源的保护工作，业务上受市绿化行政管理部门的指导。

本市规划、建设、农林、市政、房地资源、水务、铁路、环保、旅游、民族宗教等有关管理部门按照各自的职责，协同实施本条例。

第五条 本市有关部门应当加强对古树、名木和古树后续资源保护的科学研究，推广应用科研成果，宣传普及保护知识，提高保护水平。

第六条 任何单位和个人都有权对损害古树、名木和古树后续资源的行为予以制止或者举报，市绿化行政管理部门或者区、县管理古树名木的部门应当及时查处。

第七条 对保护古树、名木和古树后续资源有突出贡献的单位和个人，由市绿化行政管理部门或者区、县管理古树名木的部门给予表彰和奖励。

第八条 本市对古树、名木和古树后续资源按下列规定实行分级保护：

(一)名木以及树龄在三百年以上的古树为一级保护；

(二)树龄在一百年以上三百年以下的古树为二级保护；

(三)古树后续资源为三级保护。

第九条 区、县管理古树名木的部门应当定期在本辖区内进行古树、名木和古树后续资源的调查，并按照下列规定进行鉴定和确认：

(一)一级保护的古树、名木，由市绿化行政管理部门组织鉴定，报市人民政府确认；

(二)二级保护的古树，由市绿化行政管理部门组织鉴定并予以确认；

(三)古树后续资源由区、县管理古树名木的部门组织鉴定，报市绿化行政管理部门确认。

鼓励单位和个人向市绿化行政管理部门或者区、县管理古树名木的部门报告未登记的古树、名木和古树后续资源。市绿化行政管理部门或者区、县管理古树名木的部门应当按照前款的规定，及时组织鉴定和确认，经鉴定属于古树、名木或者古树后续资源的，应当给予适当的奖励。

古树、名木和古树后续资源的鉴定标准和鉴定程序由市绿化行政管理部门另行制定。

第十条 区、县管理古树名木的部门应当对本辖区内的古树、名木和古树后续资源进行登记，建立档案，并报市绿化行政管理部门备案。

市绿化行政管理部门应当对古树、名木和古树后续资源进行统一编号。

第十一条 市绿化行政管理部门应当在古树、名木和古树后续资源周围醒目位置设立标明树木编号、名称、保护级别等内容的标牌。

第十二条 市绿化行政管理部门应当会同市规划管理部门，按照下列规定，划定古树、名木和古树后续资源的保护区：

(一)列为古树、名木的，其保护区为不小于树冠垂直投影外五米；

(二)列为古树后续资源的，其保护区为不小于树冠垂直投影外二米。

第十三条 在古树、名木和古树后续资源保护区内，应当采取措施保持土壤的透水、透气性，不得从事挖坑取土、焚烧、倾倒有害废渣废液、新建扩建建筑物和构筑物等损害古树、名木和古树后续资源正常生长的活动。

因城市重大基础设施建设，确需在古树、名木和古树后续资源保护区内施工的，规划管理部门在核发建设工程规划许可证前，应当征求市绿化行政管理部门的意见；市绿化行政管理部门应当自收到征求意见之日起五个工作日内，提出相应的保护要求。建设单位应当根据市绿化行政管理部门的保护要求制订具体保护措施，并组织实施。

第十四条 本市对古树、名木和古树后续资源实行养护责任制，并按照下列规定确定养护责任人：

(一)机关、部队、社会团体、企业、事业单位用地范围内的古树、名木和古树后续资源，养护责任人为所在单位；实行物业管理的，养护责任人为其委托的物业管理企业。

(二)铁路、公路、河道用地范围内的古树、名木和古树后续资源，养护责任人为铁路、公路、水务管理部门委托的养护单位。

(三)公共绿地范围内的古树、名木和古树后续资源，养护责任人为绿化管理部门委托的养护单位。

(四)居住区内的古树、名木和古树后续资源，养护责任人为业主委托的物业管理企业。

(五)居民庭院内的古树、名木和古树后续资源,养护责任人为业主。

前款规定以外的古树、名木和古树后续资源,养护责任人由所在区、县管理古树名木的部门确定。

房屋拆迁范围内有古树、名木或者古树后续资源的,建设单位应当按照本条例有关养护责任人的规定进行保护。古树、名木或者古树后续资源在居民庭院内的,建设单位应当给予原养护责任人适当的补偿。

第十五条 区、县管理古树名木的部门应当与养护责任人签订养护责任书,明确养护责任。养护责任人发生变更的,养护责任人应当到区、县管理古树名木的部门办理养护责任转移手续,并重新签订养护责任书。

第十六条 市绿化行政管理部门应当根据古树、名木和古树后续资源的保护需要,制定养护技术标准,并无偿向养护责任人提供必要的养护知识培训和养护技术指导。

养护责任人应当按照养护技术标准进行养护。在日常养护中,养护责任人可以向市绿化行政管理部门或者区、县管理古树名木的部门咨询养护知识。

第十七条 古树、名木和古树后续资源的日常养护费用由养护责任人承担。接受委托承担养护责任的,养护费用由委托人承担。承担养护费用确有困难的单位或者个人,可以向所在区、县管理古树名木的部门申请养护补助经费。养护补助经费应当专项用于古树、名木和古树后续资源的养护。

市和区、县人民政府应当设立古树、名木和古树后续资源保护的专项经费,专门用于古树、名木和古树后续资源的抢救、复壮,保护设施的建设、维修,以及承担对养护经费有困难者的补助。

鼓励单位和个人以捐资、认养等形式参与古树、名木和古树后续资源的养护。捐资、认养古树、名木和古树后续资源的单位和个人可以在古树、名木和古树后续资源标牌中享有一定期限的署名权。

第十八条 古树、名木和古树后续资源保护区外的建设项目,养护责任人认为其施工可能影响古树、名木和古树后续资源正常生长的,应当及时向市绿化行政管理部门或者区、县管理古树名木的部门报告。市绿化行政管理部门或者区、县管理古树名木的部门可以根据古树、名木和古树后续资源的保护需要,向建设单位提出相应的保护要求,建设单位应当根据保护要求实施保护。

第十九条 市绿化行政管理部门和区、县管理古树名木的部门应当确定专门管理人员负责古树、名木和古树后续资源保护管理工作,并按照下列规定,定期进行检查:

(一)一级保护的古树、名木至少每三个月进行一次;

(二)二级保护的古树至少每六个月进行一次;

(三)古树后续资源至少每年进行一次。

在检查中发现树木生长有异常或者环境状况影响树木生长的,应当及时采取保护措施。

第二十条 禁止移植一级保护的古树以及树龄在一百年以上的名木。

因城市重大基础设施建设，确需移植树龄在一百年以下的名木或者二级保护的古树的，应当向市绿化行政管理部门提出申请。市绿化行政管理部门应当自收到申请之日起十个工作日内提出审查意见，并报市人民政府批准。

因城市重大工程项目或者城市基础设施建设，需要移植古树后续资源的，应当向区、县管理古树名木的部门提出申请。区、县管理古树名木的部门应当自收到申请之日起五个工作日内提出审查意见，并报市绿化行政管理部门批准。市绿化行政管理部门应当自收到审查意见之日起五个工作日内作出审批决定，并通知区、县管理古树名木的部门。

古树、名木和古树后续资源的移植和移植后五年内的养护，应当由具有相应专业资质的绿化养护单位进行。古树、名木和古树后续资源的移植费用以及移植后五年内的养护费用，由建设单位承担。

第二十一条 生产、生活产生的废水、废气或者废渣等危害古树、名木和古树后续资源正常生长的，养护责任人可以要求有关责任单位或者个人采取措施，消除危害。

第二十二条 禁止下列损害古树、名木和古树后续资源的行为：

(一)砍伐；

(二)剥损树皮、攀折树枝或者刻划、敲钉；

(三)借用树干做支撑物，在树上悬挂或者缠绕其他物品；

(四)损坏古树、名木和古树后续资源的支撑、围栏、避雷针、标牌或者排水沟等相关保护设施；

(五)其他影响古树、名木和古树后续资源正常生长的行为。

第二十三条 古树、名木和古树后续资源养护责任人发现树木衰萎、濒危的，应当及时向市绿化行政管理部门或者区、县管理古树名木的部门报告。市绿化行政管理部门或者区、县管理古树名木的部门应当及时组织具有相应专业资质的绿化养护单位进行复壮和抢救。

第二十四条 古树、名木死亡的，养护责任人应当及时向市绿化行政管理部门报告，经核实、鉴定和查清原因后，予以注销。

古树后续资源死亡的，养护责任人应当及时向区、县管理古树名木的部门报告，经核实、鉴定和查清原因后，予以注销，并报市绿化行政管理部门备案。

古树、名木和古树后续资源死亡未经市绿化行政管理部门或者区、县管理古树名木的部门核实注销的，养护责任人不得擅自处理。

第二十五条 违反本条例规定，有下列情形之一的，由市绿化行政管理部门或者区、县管理古树名木的部门或者市绿化监察大队按照下列规定予以处罚：

(一)违反本条例第十三条第一款规定，在保护区内不采取措施保持土壤的透水、透气性，或者从事损害古树、名木和古树后续资源正常生长活动的，责令其限期改正，可以并处三百元以上三千元以下的罚款；造成树木严重损伤的，处二千元以上二万元以下的罚款；造成树木死亡的，每株处五千元以上五万元以下的罚款。

(二)违反本条例第十三条第二款规定，建设单位未按照保护要求实施保护的，责令其限期改正；造成树木死亡的，每株处五千元以上五万元以下的罚款。

（三）违反本条例第十六条第二款规定，不按照养护技术标准进行养护的，责令其限期改正；逾期不改正的，处三百元以上三千元以下的罚款；造成树木死亡的，每株处三千元以上三万元以下的罚款。

（四）违反本条例第二十条第一款、第二款、第三款规定，移植一级保护的古树或者树龄在一百年以上的名木的，每株处一万元以上十万元以下的罚款；未经批准移植树龄在一百年以下的名木或者二级保护的古树的，每株处五千元以上五万元以下的罚款；未经批准移植古树后续资源的，每株处二千元以上二万元以下的罚款；未经批准进行移植并造成树木死亡的，以砍伐论处。

（五）违反本条例第二十条第四款规定，委托不具备相应专业资质的单位进行移植或者养护的，责令其限期改正，逾期不改正的，处一千元以上一万元以下的罚款；不具备相应专业资质的单位从事古树、名木和古树后续资源的移植或者养护的，没收其违法所得，并处违法所得一倍以上五倍以下的罚款。

（六）违反本条例第二十一条规定，危害古树、名木和古树后续资源正常生长的，责令其限期改正；逾期不改正的，处五百元以上五千元以下的罚款；造成树木死亡的，每株处五千元以上五万元以下的罚款。

（七）违反本条例第二十二条第（一）项规定，砍伐一级保护的古树、名木的，每株处三万元以上三十万元以下的罚款；砍伐二级保护的古树的，每株处二万元以上二十万元以下的罚款；砍伐古树后续资源的，每株处一万元以上十万元以下的罚款。

（八）违反本条例第二十二条第（二）项、第（三）项、第（四）项、第（五）项规定，损害古树、名木和古树后续资源的，责令其限期改正，可以并处三百元以上三千元以下的罚款；造成树木死亡的，每株处五千元以上五万元以下的罚款。

（九）违反本条例第二十四条第三款规定，树木死亡未经核实注销擅自处理的，处一千元以上一万元以下的罚款。

第二十六条 违反本条例规定，损坏古树、名木和古树后续资源及其相关保护设施的，应当依法承担赔偿责任；构成犯罪的，依法追究刑事责任。

第二十七条 市绿化行政管理部门、区县管理古树名木的部门、市绿化监察大队的工作人员在本条例的执行过程中，玩忽职守、滥用职权、徇私舞弊的，由其所在单位或者上级主管部门依法给予行政处分；构成犯罪的，依法追究刑事责任。

第二十八条 当事人对市绿化行政管理部门、区县管理古树名木的部门、市绿化监察大队的具体行政行为不服的，可以依照《中华人民共和国行政复议法》或者《中华人民共和国行政诉讼法》的规定，申请行政复议或者提起行政诉讼。

当事人在法定期限内不申请复议，不提起诉讼，又不履行的，作出具体行政行为的行政管理部门或者市绿化监察大队可以申请人民法院强制执行。

第二十九条 本条例自2002年10月1日起施行。《上海市古树名木保护管理规定》同时废止。

湖北省古树名木保护管理办法

(2010年5月17日湖北省人民政府常务会议审议通过)

第一章 总则

第一条 为加强古树名木保护，促进生态文明建设和经济社会协调发展，根据《中华人民共和国森林法》、《城市绿化条例》等法律、行政法规的规定，结合我省实际，制定本办法。

第二条 本办法所称的古树，是指树龄在 100 年以上的树木；所称的名木，是指树种稀有珍贵或具有重要历史、文化、科学研究价值和重大纪念意义的树木。

第三条 本省行政区域内古树名木的保护管理，适用本办法。

第四条 县级以上人民政府绿化委员会负责本辖区内古树名木保护管理的组织、协调工作。

县级以上人民政府林业行政主管部门负责本辖区内古树名木的保护管理工作，城市人民政府城市绿化行政主管部门负责本辖区内城市规划区古树名木的保护管理工作（以下统称"古树名木行政主管部门"）。财政、规划、建设、环保、旅游、文化等相关部门在各自职责范围内协同做好古树名木的保护管理工作。

第五条 古树名木的保护管理遵循属地原则，坚持专业保护与公众保护相结合、定期养护与日常养护相结合的原则。

第六条 各级人民政府应当加强对古树名木保护的宣传教育，鼓励和支持古树名木保护的科学研究。对在古树名木保护、宣传教育和科学研究方面成绩显着的单位和个人，由县级以上人民政府给予表彰奖励。

第七条 任何单位和个人都有保护古树名木的义务，不得损害和自行处置古树名木，对损害古树名木的行为有批评、劝阻和举报的权利。

第二章 调查公布

第八条 县级以上古树名木行政主管部门应当对辖区内的古树名木进行资源普查，建立资源档案；对古树名木集中的群落，建立古树名木保护小区；对分散的古树名木进行登记、拍照、编号。

单位和个人向古树名木行政主管部门报告未登记的古树名木的，行政主管部门应当及时建立资源档案。

第九条 古树实行三级保护：

111

（一）树龄在500年以上的由省人民政府公布实行一级保护；

（二）树龄在300年至499年的由市级人民政府公布实行二级保护；

（三）树龄在100年至299年的由县级人民政府公布实行三级保护。

古树名木由省林业行政主管部门统一组织鉴定。

古树名木的鉴定标准和鉴定程序由省林业行政主管部门制定。

第三章　保护管理

第十条　县级以上人民政府应当将古树名木保护经费纳入同级财政预算。

古树名木的日常养护费用由养护责任单位或者责任人承担。省、市、县三级人民政府分别对一级保护古树和名木、二级保护古树、三级保护古树的养护责任单位或者责任人给予适当补助。

第十一条　省林业行政主管部门应当组织制定古树名木养护技术规范。

古树名木行政主管部门应当加强古树名木养护技术规范的宣传，培训、指导养护责任单位和责任人。

第十二条　县级古树名木行政主管部门与养护责任单位或者责任人签订养护责任书，明确养护责任和要求，并登记和公告。

变更古树名木养护责任单位或者责任人，应当报县级古树名木行政主管部门确认后，办理养护责任转移手续。

第十三条　养护责任单位或者责任人按下列规定确定：

（一）生长在机关、团体、部队、企业事业单位、文物保护单位等用地范围内的，所在单位为养护责任单位；实行物业管理的，所委托的物业管理企业为养护责任单位；

（二）生长在铁路、公路、江河堤坝和水库湖渠用地范围内的，铁路、公路和水利工程管理单位为养护责任单位；

（三）生长在城市规划区以内的公共绿地、生产绿地、防护绿地、马路街道上的，城市绿化管理单位为养护责任单位；

（四）生长在林业场圃、森林公园、风景名胜区、自然保护区、自然保护小区以及其他林业用地上的，该园区的管理机构为养护责任单位；

（五）生长在城镇居住区或者居民庭院范围内的，业主委托的物业管理企业或者街道办事处为养护责任单位；

（六）生长在农村承包土地（含耕地、林地、草地，及其他依法用于农业的土地）上的，该承包人为养护责任人；

（七）生长在农村居民房前屋后的，该居民为养护责任人；

（八）其他生长在农村，不便明确个人为养护责任人的，该村民委员会或者村民小组为养护责任单位。

养护责任单位或者责任人无法确定的，由古树名木所在地县级古树名木行政主管部门负责协调确定。

第十四条　古树名木由所在地县级人民政府设立保护牌。保护牌应当标明古树名木中文名称、学名、科名、树龄、保护级别、编号及养护责任单位或者责任人等内容。

捐资、认养古树名木的单位和个人可以享有在古树名木保护牌中一定期限的署名权。

第十五条　养护责任单位和责任人应当切实履行养护责任，按照国家有关规定和技术规范对古树名木进行养护。

第十六条　禁止下列损害古树名木的行为：

（一）刻划钉钉，缠绕绳索铁丝，攀树折枝，剥损树皮，动土伤根；

（二）借用树干作支撑物或者悬挂物体；

（三）在树冠垂直投影范围内挖坑取土、淹渍或封死地面、使用明火、倾倒有害废渣废液、铺管架线、修筑临时或永久性建筑物；

（四）采伐；

（五）非法买卖等流转行为；

（六）其他损害行为。

第十七条　禁止移植古树名木，国家重点工程项目除外。

因国家重点工程项目确需移植的，移植方案应当征得省古树名木行政主管部门同意，所需费用由建设单位承担。

第十八条　县级人民政府应当在古树名木或者古树名木群落周围划定保护范围，设置保护设施或保护标志，保护古树名木的生长环境。对已建的危害古树名木生长的生产、生活设施，由所在地县级古树名木行政主管部门责令有关单位、个人限期采取措施，消除危害。

任何单位和个人不得擅自移动、改变、损坏保护设施或保护标志。

第十九条　建设项目影响古树名木正常生长的，应当采取避让和保护措施。

第二十条　古树名木发生病虫害、遭受人为损害或者雷击等自然损伤，出现了明显的生长衰弱、濒危症状的，养护责任单位或者责任人应当及时向县级古树名木行政主管部门报告，古树名木行政主管部门应当在接到报告后 5 个工作日内采取抢救、治理或者复壮措施。

第二十一条　古树名木死亡的，养护责任单位或者责任人应当及时向县级古树名木行政主管部门报告。任何单位和个人不得擅自处理未经古树名木行政主管部门确认死亡的古树名木。

古树名木行政主管部门应当在接到报告后 10 个工作日内进行调查、核实，查明原因和责任。经确认死亡的，予以注销，并报上级行政主管部门备案。

第四章　法律责任

第二十二条　违反本办法，法律、法规有处罚规定的，从其规定；没有规定的，依照本办法的规定执行。

第二十三条　违反本办法第十五条规定的，由古树名木行政主管部门责令养护责任单位或者责任人限期改正；造成古树名木损害或者死亡的，依法赔偿损失。

第二十四条 违反本办法第十六条规定的,由古树名木行政主管部门对违法者进行批评教育,责令其限期改正,情节轻微的,并处一百元以上一千元以下罚款;严重损害一级保护古树和名木的,按每株并处一万元以上三万元以下罚款,严重损害二级保护古树的,按每株并处五千元以上二万元以下罚款,严重损害三级保护古树的,按每株并处一千元以上一万元以下罚款;构成犯罪的,依法追究刑事责任。

第二十五条 违反本办法第十七条第一款,非法移植致使古树名木受到毁坏的,依法赔偿损失;由古树名木行政主管部门责令停止违法行为,并处二万元以上三万元以下罚款;构成犯罪的,依法追究刑事责任。

第二十六条 违反本办法第十八条第二款规定的,由古树名木行政主管部门责令违法者限期恢复原状;逾期不恢复的,由古树名木行政主管部门代为恢复,所需费用由违法者支付。

第二十七条 违反本办法第十九条规定的,由古树名木行政主管部门责令建设单位限期改正,排除妨害。对古树名木造成损害的,依照本办法有关规定进行处罚。

第二十八条 违反本办法第二十条规定,因养护责任单位或者责任人无故未能及时报告,造成古树名木损害或者死亡的,依法赔偿损失,并由古树名木行政主管部门根据古树名木受损程度追缴其所得的部分或全部养护补助。

第二十九条 古树名木行政主管部门工作人员在古树名木保护管理工作中滥用职权、徇私舞弊、玩忽职守的,由其所在单位或者上级主管部门依法给予行政处分;情节严重,构成犯罪的,依法追究刑事责任。

第五章 附则

第三十条 对树龄在80年以上的古树后续资源的保护管理可以参照本办法执行。

第三十一条 本办法自2010年8月1日起施行。

浙江省宁波市古树名木保护管理办法

(2003年12月30日宁波市人民政府第12次常务会议通过)

第一条 为加强古树名木的保护管理，根据有关法律、法规，结合本市实际，制定本办法。

第二条 本市行政区域内古树、名木和古树后备资源的保护管理，适用本办法。

第三条 本办法所称古树，是指树龄在百年以上的树木。

本办法所称名木，是指树种珍贵、稀有的，具有重要历史、文化、科研价值或者具有重要纪念意义的树木。

本办法所称古树后备资源，是指树龄在80年以上100年以下的树木。

第四条 市城市管理部门和市林业部门(以下简称市古树名木主管部门)是本市城市和农村古树、名木和古树后备资源保护管理的行政主管部门，负责本办法的组织实施。市园林管理机构负责城市古树、名木和古树后备资源的具体保护管理工作。

县(市)、区建设(城市)管理部门和林业部门[以下简称县(市)、区古树名木主管部门]是本行政区域内城市和农村古树、名木和古树后备资源保护的行政主管部门，负责本辖区内古树、名木和古树后备资源的保护管理工作。

第五条 古树、名木按下列规定实行分级保护管理:

(一)名木和树龄在500年以上的古树为一级保护;

(二)树龄在300年以上500年以下的古树为二级保护;

(三)树龄在100年以上300年以下的古树为三级保护。

第六条 市和县(市)、区古树名木主管部门应当定期在本行政区域内进行古树、名木和古树后备资源的调查，并按照下列规定进行鉴定和确认:

(一)名木和一、二级保护的古树，由市古树名木主管部门组织鉴定，经市人民政府审定后报省人民政府确认，并报国务院林业行政主管部门和建设行政主管部门备案;

(二)三级保护的古树，由市古树名木主管部门组织鉴定，经市人民政府确认，并报省林业行政主管部门和建设行政主管部门备案;

(三)古树后备资源，由县(市)、区古树名木主管部门组织鉴定，经县(市)、区人民政府确认，报市古树名木主管部门备案。

古树、名木和古树后备资源的鉴定标准和鉴定程序，由市古树名木主管部门另行规定。

第七条 县(市)、区古树名木主管部门应当对本行政区域内的古树、名木和古树后备资源进行登记，建立资源档案，报市古树名木主管部门备案，并按规定进行统一编号。古树名木名录由确认的人民政府公布。

县（市）、区古树名木主管部门应当以本级人民政府名义在古树、名木和古树后备资源周围醒目位置设立标牌，标明树名、学名、科属、保护等级、树龄、立牌时间、树木编号；对有特殊历史、文化、科研价值和纪念意义的古树、名木，应当有文字说明。

第八条 县（市）、区古树名木主管部门应当会同同级规划部门，按照下列规定，划定古树、名木和古树后备资源保护区：

（一）名木和一、二级保护的古树，其保护区不小于树冠垂直投影外5米；

（二）三级保护的古树，其保护区不小于树冠垂直投影外3米；

（三）古树后备资源，其保护区不小于树冠垂直投影外2米。

第九条 在古树、名木和古树后备资源保护区内，应当采取措施保持土壤的透水、透气性，不得从事挖掘取土、铺埋管线、堆放杂物、倾倒有害废渣废液、焚烧和修建建筑物或者构筑物等活动。

在保护区内现存的建筑物和构筑物，除法律、法规规定不宜拆除的外，应当有计划地拆除。发现危及古树、名木和古树后备资源正常生长、生存的，县（市）、区古树名木主管部门应当要求有关单位或者个人限期拆除，并按规定给予适当经济补偿。

在保护区内新建、改建、扩建的建设工程影响古树、名木和古树后备资源生长的，建设单位必须提出避让和保护措施。规划主管部门在核发建设工程规划许可证时，涉及古树、名木和古树后备资源的，应当事先征求市古树名木主管部门意见。

第十条 古树、名木和古树后备资源的管护责任按下列规定确定：

（一）生长在机关、团体、企事业单位、部队、风景名胜区、森林公园、自然保护区、林区和庙寺用地范围内的，由所在单位或者经营单位管护；

（二）生长在铁路、公路、水库、湖渠和江河用地范围内的，由铁路、公路和水利部门负责管护；

（三）生长在城市公园绿地、生产绿地、防护绿地范围内的，由城市绿化主管部门负责落实管护；

（四）生长在住宅小区或者私人宅院内的，由物业管理单位或者业主负责管护；

（五）生长在农村集体所有的非林业用地上的，由所在镇（乡）人民政府负责落实管护。

（六）其他古树、名木和古树后备资源，由所在县（市）、区古树名木主管部门负责落实管护。

第十一条 县（市）、区古树名木主管部门应当与管护责任人签订管护责任书。

管护责任人发生变更的，应当到县（市）、区古树名木管理部门办理管护责任转移手续。

第十二条 市古树名木主管部门应当制定古树、名木和古树后备资源的管护技术规范。管护责任人应当按照管护技术规范管护古树、名木和古树后备资源。

遇台风、严重旱涝和其他自然灾害时，管护责任人应当及时采取保护措施。

管护责任人发现古树、名木和古树后备资源有严重病虫害、衰萎、濒危及其他异常情况的，应当及时报告县（市）、区古树名木主管部门，县（市）、区古树名木主管部门应当在收到报告之日起 7 日内组织进行抢救和复壮，并将详细情况载入古树、名木和古树后备资源档案。

古树、名木和古树后备资源死亡的，管护责任人应当及时向县 (市)、区古树名木主管部门报告，由市古树名木主管部门确认后，明确责任，作出处理方案，予以注销，并按程序进行备案。

第十三条 古树、名木和古树后备资源的日常管护费用由管护责任人承担。

承担管护费用确有困难的管护责任人，可以向所在县 (市)、区古树名木主管部门申请管护补助经费。

市和县 (市)、区人民政府应当设立古树、名木和古树后备资源保护的专项经费，用于对古树、名木和古树后备资源的抢救、复壮和保护设施的建设、维修，以及承担对管护经费有困难者的补助。

鼓励单位和个人以捐资、认养等形式参与古树、名木和古树后备资源的保护。

第十四条 县 (市)、区古树名木主管部门应当按下列规定对古树、名木和古树后备资源定期进行检查：

(一) 名木和一、二级保护的古树每半年一次；

(二) 三级保护的古树和古树后备资源每年一次。

在检查中发现树木生长有异常的，应当要求管护责任人采取相关保护措施。检查情况载入古树、名木和古树后备资源档案。

第十五条 禁止移植名木和一、二级保护的古树。

不得擅自移植其他古树和古树后备资源。

因重大基础设施建设确需移植其他古树和古树后备资源的，应当按照国务院《城市绿化条例》和《宁波市农村绿化条例》的有关规定履行审批手续。

古树、名木和古树后备资源的移植及移植后 5 年内的管护，应当由专业绿化养护单位进行。古树、名木和古树后备资源的移植费用及移植后 5 年内的管护费用由申请移植的单位或者个人承担。

第十六条 禁止下列损害古树、名木和古树后备资源以及附属设施的行为：

(一) 砍伐；

(二) 剥损树皮、攀树折枝；

(三) 借用树干做支撑物或者倚树搭棚；

(四) 在树上刻划、敲钉、悬挂或者缠绕物品；

(五) 损坏树木的支撑、围护设施及标牌等相关保护设施；

(六) 其他损害行为。

第十七条 违反本办法规定，有下列行为之一的，由市或县 (市)、区古树名木主管部门责令其限期改正，并处 200 元以上 2000 元以下罚款：

(一) 在古树、名木和古树后备资源保护区内，从事挖掘取土、铺埋管线、堆放杂物、倾倒有害废渣废液、焚烧和修建建筑物或者构筑物等活动的；

（二）在保护区内新建、改建、扩建的建设工程影响古树、名木和古树后备资源生长的，建设单位未提出避让和保护措施的；

（三）违反本办法第十二条规定，管护责任人未按照管护技术规范进行管护、未采取保护措施或者未及时报告的；

（四）古树、名木和古树后备资源的移植及移植后5年内的管护，未由专业绿化养护单位进行的；

（五）损坏古树、名木和古树后备资源的支撑、围护设施及标牌等相关保护设施的。

第十八条 违反本办法规定，擅自砍伐、挖掘、移植古树、名木或者因养护不当以及其他行为致使古树、名木受到损伤或者死亡的，由市或县(市)、区古树名木主管部门分别依照《宁波市城市绿化条例》和《宁波市农村绿化条例》相关规定予以处罚。

《宁波市城市绿化条例》和《宁波市农村绿化条例》中规定的古树名木的价值由市人民政府另行制定。

第十九条 违反本办法规定，损坏古树、名木和古树后备资源及相关设施的，应当依法赔偿损失。

第二十条 市和县(市)、区古树名木主管部门工作人员因玩忽职守，致古树、名木和古树后备资源损伤或者死亡的，依法给予行政处分；构成犯罪的，依法追究刑事责任。

第二十一条 本办法自2004年2月10日起施行。

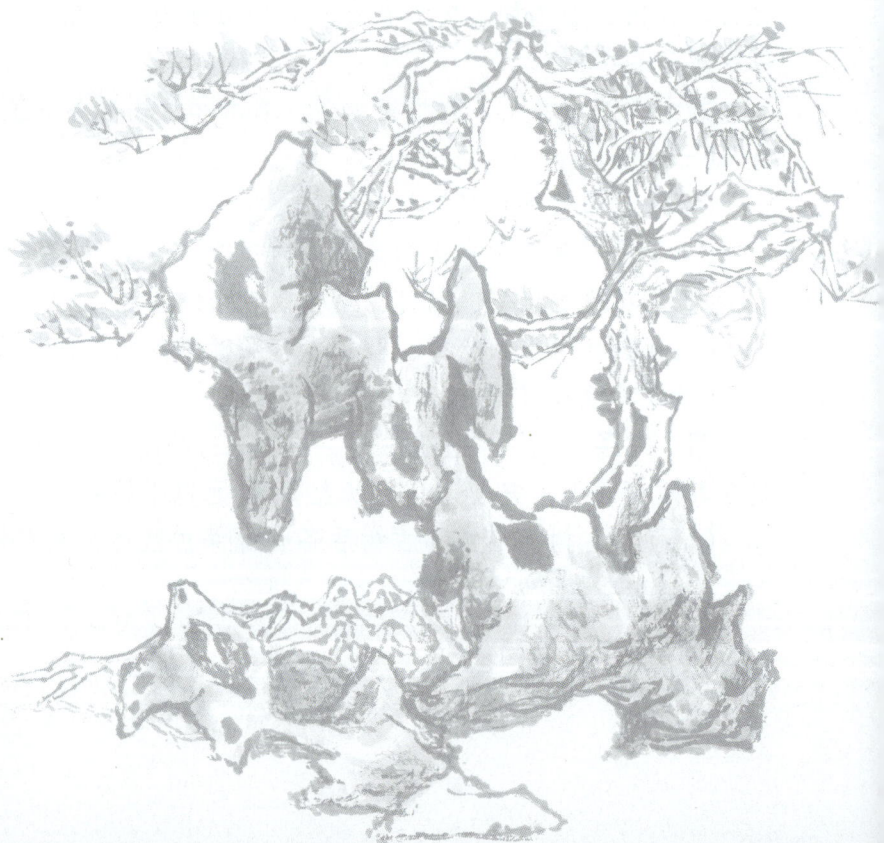

陕西省西安市古树名木保护条例

(2008年12月26日西安市第十四届人民代表大会常务委员会第十三次会议通过，2009年3月26日陕西省第十一届人民代表大会常务委员会第七次会议批准)

第一条 为了加强古树名木的保护管理，维护西安历史文化名城风貌，促进生态环境和经济社会协调发展，根据有关法律、法规规定，结合本市实际，制定本条例。

第二条 本条例所称古树，是指树龄100年以上的树木；名木，是指树种珍贵、稀有或者具有重要历史、文化、科学研究价值和纪念意义的树木。

第三条 本市行政区域内古树名木的保护适用本条例。

第四条 市、区县人民政府应当加强对古树名木保护工作的组织领导，并将古树名木保护纳入城市总体规划和经济社会发展计划。

第五条 市绿化委员会组织协调本市古树名木的保护工作。

市林业行政管理部门和市园林绿化行政管理部门是本市古树名木保护工作的行政主管部门。市林业行政管理部门负责本市建成区以外区域古树名木的保护工作，市园林绿化行政管理部门负责本市建成区内古树名木的保护工作。

区县林业、园林绿化行政管理部门按照各自职责做好本辖区的古树名木保护工作。

规划、建设、市政、财政、城管执法等相关部门按照各自职责，做好古树名木的保护工作。

第六条 古树名木的所有人及其他单位和个人都有保护古树名木及其保护设施的义务，对损毁古树名木及其保护设施的行为有权制止、检举和控告。

第七条 对在保护古树名木工作中成绩显著的单位和个人，由古树名木保护行政管理部门给予表彰、奖励。

第八条 古树实行分级保护：树龄在500年以上的古树，实施一级保护；树龄在300年以上不满500年的古树，实施二级保护；树龄在100年以上不满300年的古树，实施三级保护。

名木实施一级保护。

第九条 市古树名木保护行政管理部门应当组织专家对古树名木进行普查鉴定，经市绿化委员会审查确认后，报市人民政府公布。

第十条 市、区县人民政府应当将古树名木保护经费列入本级财政预算，用于古树名木资源普查、建档设牌、抢救、复壮，保护设施的建设、维修，以及养护补助。

古树名木的日常养护费用由养护责任人承担。承担养护费用确有困难的单位或者个人，可以向所在区县古树名木保护行政管理部门申请养护补助。

鼓励单位和个人出资参与古树名木的保护。

第十一条　市古树名木保护行政管理部门应当对公布的古树名木建立档案，设立标志，标明树木编号、名称、学名、科目、树龄、保护级别等内容，并制定具体的养护管理办法和技术措施。

第十二条　古树名木的保护按照下列规定确定养护责任人：

（一）机关、团体、学校、部队、企业、事业单位和风景名胜区、公园、林场、寺庙等单位用地范围内的古树名木，由所在单位负责养护；

（二）铁路、公路、水库和河道用地范围内的古树名木，分别由铁路、公路和水务管理部门负责养护；

（三）城市道路、公共绿地范围内的古树名木，由园林绿化行政管理部门委托的绿化养护单位负责养护；

（四）居民小区内的古树名木，由业主委员会委托的物业管理企业负责养护；未实行物业管理的，由社区管理机构指定专人负责养护；

（五）农村集体土地范围内的古树名木，由所在地的村民委员会或者村民小组负责养护；承包土地上的古树名木，由土地承包人负责养护；

（六）私人庭院内个人所有的古树名木，由所有人负责养护。

第十三条　区县古树名木保护行政管理部门应当与养护责任人签订养护责任书，报市古树名木保护行政管理部门备案。变更古树名木养护责任人的，应当重新签订养护责任书。

第十四条　养护责任人应当做好松土、浇水、施肥和防治病虫害等养护工作，并在古树名木保护行政管理部门的指导下采取措施，防止严重自然灾害对古树名木造成损害。

第十五条　养护责任人发现古树名木受到损毁或者生长异常，应当及时报告古树名木保护行政管理部门。古树名木保护行政管理部门接到报告后五个工作日内应当组织专业绿化养护单位采取抢救、复壮等相应处理措施。

第十六条　古树名木死亡的，养护责任人应当及时向区县古树名木保护行政管理部门报告，经市古树名木保护行政管理部门鉴定确认和查清原因后，予以注销；对具有重要意义或特殊价值的古树名木，应当采取防腐措施，保留其原貌，继续加以保护。

未经市古树名木保护行政管理部门核实注销的，养护责任人不得擅自处理。

第十七条　古树名木保护行政管理部门应当对古树名木划定保护范围。散生古树名木的保护范围为树冠垂直投影向外五米，古树群的保护范围为林沿向外五米。

第十八条　古树名木保护行政管理部门可以根据需要对古树名木设置支撑、围栏、避雷针、标牌或者排水沟等相关保护设施。

第十九条　区县古树名木保护行政管理部门应当按照下列规定对古树名木的保护进行定期检查、指导：

（一）一级保护的古树、名木，至少每3个月进行一次；

（二）二级保护的古树，至少每6个月进行一次；

（三）三级保护的古树，至少每年进行一次。

发现树木生长有异常或者环境状况影响树木生长的，应当先行采取抢救措施，并立即向市古树名木保护行政管理部门报告。

第二十条 禁止任何单位和个人有下列损毁古树名木的行为：

（一）砍伐、擅自移植；

（二）攀树折枝、剥损树皮，在树身上敲打、刻划钉钉、缠绕悬挂物品或者以其为支撑物等影响其正常生长；

（三）擅自采摘果实；

（四）擅自修剪具有重要纪念意义或特殊价值的古树名木，毁其原貌；

（五）在古树名木保护范围内挖坑取土、焚烧、堆放物品、倾倒有害废渣废液、埋设管线等危害树木正常生长的行为；

（六）其他损毁古树名木的行为。

第二十一条 建设项目涉及古树名木的，建设单位应当制定避让或保护方案，并经古树名木保护行政管理部门批准后，规划行政管理部门方可办理有关规划手续。

建设和施工单位应当按照批准的避让或保护方案保护古树名木。

第二十二条 在古树名木保护范围周边从事建设活动，可能影响古树名木正常生长的，建设单位应当按照古树名木保护行政管理部门的要求，采取相应的保护措施。

第二十三条 因科学研究、工程建设确需移植古树名木的，建设单位应当向市古树名木保护行政管理部门提出申请，由市古树名木保护行政管理部门提出初审意见，并报省古树名木保护行政管理部门批准。

古树名木的移植和移植后五年内的养护，应当由专业绿化养护单位进行。移植费用以及移植后五年内的养护费用，由建设单位承担。

第二十四条 违反本条例规定，砍伐、损毁古树名木的，依法赔偿损失；由古树名木保护行政管理部门没收违法所得，并处以5000元以上1万元以下罚款。

擅自移植古树名木的，由古树名木保护行政管理部门没收及妥善处置违法移植的古树名木，并处以1000元以上5000元以下罚款；造成树木损毁或者死亡的，依照前款规定处理。

第二十五条 违反本条例规定，未经核实注销擅自处理死亡古树名木的，由古树名木保护行政管理部门没收违法所得，并处以1000元以上1万元以下罚款。

第二十六条 违反本条例规定，有下列行为之一的，由古树名木保护行政管理部门责令限期改正；逾期不改正的，处以500元以上3000元以下罚款；造成树木死亡的，依照第二十四条第一款规定处理：

（一）违反本条例第二十条第二项、第三项、第四项、第五项、第六项规定，损毁古树名木的；

（二）建设单位违反本条例第二十二条规定，未按照要求采取保护措施的。

第二十七条 违反本条例规定，损毁古树名木标志和其他附属设施的，由古树名木保护行政管理部门责令恢复原貌，赔偿损失，并可处以300元以上1000元以下罚款。

第二十八条 砍伐、损毁、擅自移植古树名木，构成犯罪的，依法追究刑事责任。

第二十九条　当事人对古树名木保护行政管理部门的行政处罚决定不服的，可依法申请行政复议或者提起行政诉讼。

第三十条　古树名木保护行政管理部门工作人员在保护工作中，玩忽职守、滥用职权、徇私舞弊的，由其所在单位或者上级主管部门给予行政处分；构成犯罪的，依法追究刑事责任。

第三十一条　古树名木损失评估办法由市人民政府制定。

第三十二条　本条例自 2009 年 6 月 1 日起施行。

河北省秦皇岛市古树名木保护管理办法

(2007年8月14日秦皇岛市人民政府秦政[2007]155号发布)

第一章 总则

第一条 为加强对古树名木的保护，促进生态环境建设和经济社会的协调发展，根据《中华人民共和国森林法》、国务院《城市绿化条例》及全国绿化委员会《关于加强保护古树名木的决定》、建设部《城市古树名木保护管理办法》等法律、法规和文件规定，结合我市实际，特制定本办法。

第二条 本办法所称古树，是指树龄在一百年以上的树木。古树分为国家一、二、三级，国家一级古树树龄500年以上，国家二级古树300—499年，国家三级古树100—299年。

本办法所称名木，是指在历史上或社会上有重大影响的中外历代名人、领袖人物所植或者具有重要历史价值、文化价值和纪念意义的树木，名木不受树龄限制，不分级。

第三条 本办法适用于本市行政区域内的古树名木保护管理工作。

第二章 管理机构及职责

第四条 古树名木的保护管理工作由市、县（区）绿化委员会统一领导、组织协调、督促检查。绿化委员会办公室负责日常工作。

市、县（区）林业、园林行政主管部门按照人民政府规定的职责，具体负责本行政区域内古树名木的保护管理工作。

第五条 古树名木行政主管部门要对本行政区域内的古树名木进行登记调查、鉴定分级、建立档案、设立标志、制定养护管理方案、落实养护责任单位、责任人，并进行监督管理和技术指导。

（一）登记调查

市绿化委员会办公室会同市林业、园林行政主管部门，统一制定全市古树名木调查方法和技术标准。

调查以县（区）为单位，逐村（社区）、逐单位、逐株进行，调查实测、填卡。

（二）鉴定分级

一级、二级古树名木报省人民政府确认，三级古树名木报市人民政府确认。

（三）建立档案

市、县（区）林业、园林行政主管部门要根据调查结果，形成完整的古树名木资源档案，实行微机动态监测管理。古树名木档案每五年更新一次，并及时向社会公布。

（四）设立标志

一级古树名木立保护碑，二、三级古树名木挂保护牌。

保护碑、牌由市绿化委员会办公室统一标准，县（区）林业、园林行政主管部门监制。

（五）制定养护管理方案

市绿化委员会办公室会同市林业、园林行政主管部门，统一制定全市古树名木保护技术规范。

县（区）林业、园林行政主管部门要在市林业、园林行政主管部门技术指导下，按照技术规范要求，根据具体情况，分株制定养护管理方案，落实管护责任单位、责任人。

第六条 建立古树名木管护责任书制度

县（区）林业、园林行政主管部门要与古树名木管护责任单位或个人签定管护责任书。古树名木管护责任单位或个人发生变更，要向林业、园林行政主管部门办理管护责任转移手续。

第七条 因特殊情况确需迁移古树名木的，应经市林业、园林行政主管部门审核，并依照有关规定报省、市人民政府批准。

经批准移植的古树名木，由市林业、园林行政主管部门指定的具有相应资质的作业单位按照批准的移植保护方案和移植地点实施移植。移植所需费用由建设单位承担。

第八条 建设项目的选址定点涉及古树名木的，建设单位必须提出避让和保护方案，并经市林业、园林行政主管部门批准后，城市规划行政主管部门方可办理有关规划手续。建设项目竣工时，要经市林业、园林主管部门验收。

第三章　管护责任单位

第九条 古树名木的管护责任单位按下列规定确定：

（一）机关、部队、学校、团体、企事业单位和公园、风景名胜区、寺庙等用地范围内的古树名木，由所在单位负责。

（二）城市街头绿地、广场、游园和道路用地范围内的古树名木，由园林行政主管部门负责。

（三）城镇住宅小区内的古树名木，由街道办事处或乡（镇）人民政府负责。

（四）农村行政村辖区范围内的古树名木，由所在行政村负责。

（五）铁路、公路、河堤用地范围内的古树名木，分别由铁路、交通、水务管理部门负责。

（六）国有林场和森林公园范围内的古树名木，由所属单位负责。

（七）个人所有的古树名木，由个人负责。

第十条 管护责任单位的管护责任：

古树名木的管护责任单位或者个人要按照古树名木行政主管部门规定的养护管理方案实施保护管理。

古树名木受害或者长势衰弱，管护责任单位或者个人应当及时报告县（区）古树名木行政主管部门，并按照要求进行治理、复壮。

古树名木死亡,要按管理权限报经市、县(区)林业、园林行政主管部门确认,查明原因、责任,方可处理。

第四章　保护措施

第十一条　古树名木应设围栏,保护树体和根系分布区土壤,并且距树干5米以内不得采用硬质铺装,如确需铺装,应采用适当透气铺装材料。

第十二条　生长在高处、空旷地或树体高大的古树名木,必须安设避雷装置。

第十三条　凡树体不稳或倾斜的古树名木,必须采取加固或支撑措施,支撑部位要垫铺耐腐蚀性缓冲物,不得损伤树皮。

第十四条　禁止下列损害损坏古树名木及其设施的行为:

(一)距树冠垂直投影五米范围内挖坑取土、堆放物料柴草、兴建临时设施建筑、倾倒有害污水、污物垃圾,动用明火或者排放烟气。

(二)攀折树枝、剥损树皮、刻划钉栓、缠绕绳索。

(三)擅自采摘果实、移植、砍伐、转让、买卖。

(四)借用树干做支撑物或固定物。

(五)损坏古树名木附属设施。

(六)其他损害行为。

第五章　管护资金筹集及社会参与方式

第十五条　古树名木管护费用由管护责任单位或者个人负担。

管护责任单位或者个人负担确有困难的,由林业、园林行政主管部门酌情给予补贴。

第十六条　市、县(区)人民政府安排一定数额的资金用于古树名木的保护管理,并纳入同级财政预算。

对二级以上古树名木,市级财政按300元/株·年补助资金用于重点保护管理。

对三级古树名木,县(区)级财政根据具体情况按200元/株·年补助资金用于保护管理。

第十七条　扩大资金来源,鼓励单位和个人以捐资、认养等形式支持、参与古树名木的保护养护,并在一定期限内可获得古树名木的冠名权。

(一)建立古树名木基金会,挂靠在市绿化委员会办公室,负责募集、接受社会支持古树名木保护的捐赠资金、物资,用于古树名木的保护和管理。

(二)古树名木的认养是指机关、团体、企事业单位及个人通过一定程序,以自愿出资形式,参与古树名木的养护行为。具体办法为:

市绿化委员会办公室根据当年全市古树名木保护情况,发布认养信息,明确认养标准。

由自愿要求认养的单位和个人,向市绿化委员会办公室提出申请,经批准后签定认养协议书,并交纳一定数额履约保证金。

认养单位或个人可以采取直接认养和出资认养两种方式参与古树名木的养护。

直接认养是指认养单位或个人,按照规定的养护管理要求,作为管护责任单位承担管护责任。

出资认养是指认养单位或个人直接出资，由市绿化委员会办公室委托专业绿化部门进行养护管理。

古树名木的认养期限一般为3年，最低不少于1年。

第十八条　每年市级财政安排资金与捐资、认养款总额，集中设专户储存，由市绿化委员会办公室统筹安排。使用情况向社会公开，并接受社会监督。

第六章　法律责任

第十九条　不按照规定的养护管理方案实施保护管理，影响古树名木正常生长，或者古树名木已损害或者衰弱，其养护管理责任单位和责任人未报告，并未采取补救措施导致古树名木死亡的，由林业、园林行政主管部门按照有关规定予以处理。

第二十条　对违反本办法第十四条规定的，由林业、园林行政主管部门按照有关规定，视情节轻重予以处理。

第二十一条　破坏古树名木及其标志与保护设施，违反《中华人民共和国治安管理处罚法》的，由公安机关给予处罚，构成犯罪的，由司法机关依法追究刑事责任。

第七章　附则

第二十二条　本办法自发布之日起施行。

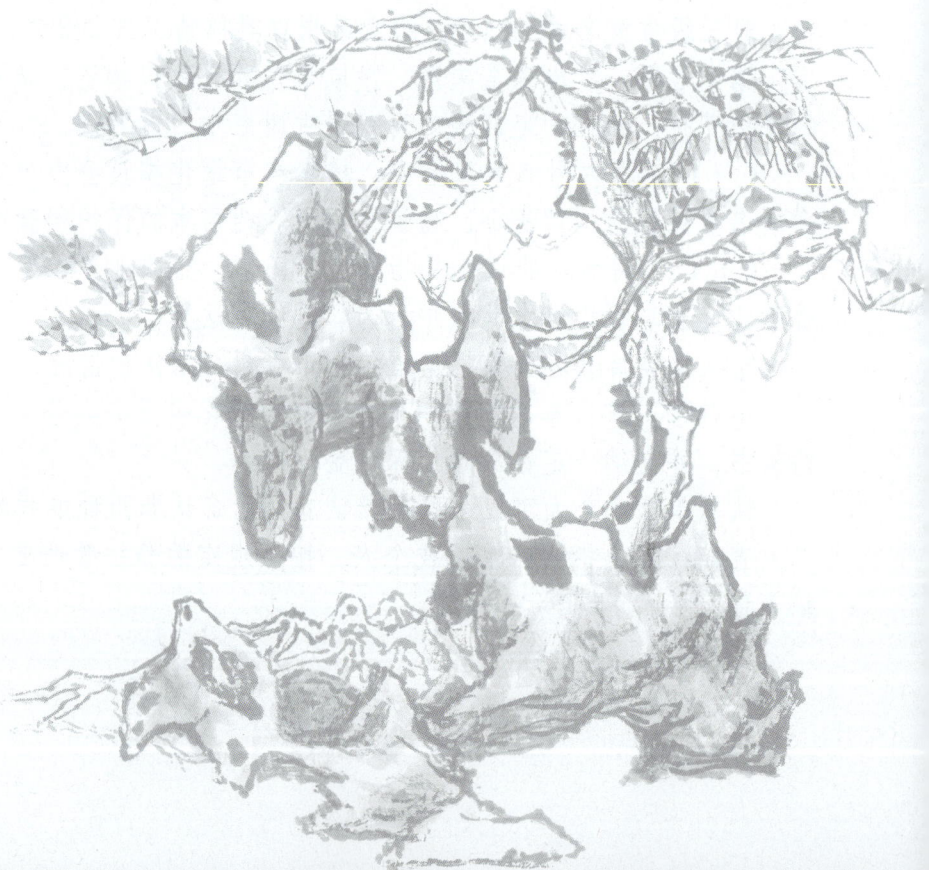

山东省威海市古树名木保护管理办法

(2005年8月17日威海市人民政府令第56号发布)

第一条　为加强古树名木的保护和管理，根据《中华人民共和国森林法》、《中华人民共和国野生植物保护条例》和《城市绿化条例》有关规定，结合本市实际，制定本办法。

第二条　本办法适用于本市行政区域内古树名木和古树后备资源的保护管理。

第三条　本办法所称古树，是指树龄在百年以上的树木。

本办法所称名木，是指树种珍贵、稀有的，具有重要历史、文化、科研价值或者具有重要纪念意义的树木。

本办法所称古树后备资源，是指树龄在80年以上100年以下的树木。

第四条　市和县级市、区人民政府城市绿化行政主管部门和林业行政主管部门（以下简称古树名木行政主管部门）是辖区古树名木保护管理工作的主管部门，分别负责城市和农村古树名木及古树后备资源的保护管理和监督检查工作，负责本办法的组织实施。

第五条　古树、名木按下列规定实行分级保护管理：

（一）名木和树龄在500年以上的古树为一级保护；

（二）树龄在300年以上500年以下的古树为二级保护；

（三）树龄在100年以上300年以下的古树为三级保护。

第六条　古树名木行政主管部门应当定期在本行政区域内进行古树名木和古树后备资源的调查，并按照下列规定进行鉴定和确认：

（一）名木和一、二级保护的古树，由市古树名木主管部门组织鉴定，经市人民政府审定后报省人民政府确认，并报国务院林业行政主管部门和建设行政主管部门备案；

（二）三级保护的古树，由市古树名木主管部门组织鉴定，经市人民政府确认，并报省林业行政主管部门和建设行政主管部门备案；

（三）古树后备资源，由市和县级市、区古树名木主管部门组织鉴定，经市和县级市、区人民政府确认，报市古树名木主管部门备案。

古树名木和古树后备资源的鉴定标准和鉴定程序，由市古树名木行政主管部门另行规定。

第七条　各级古树名木行政主管部门应当对本行政区域内的古树名木和古树后备资源进行登记，建立资源档案，报市古树名木主管部门备案，并按规定进行统一编号。古树名木名录由确认的人民政府公布。

古树名木行政主管部门应当在本级人民政府组织下，在古树名木和古树后备资源周围醒目位置设立标牌，标明树名、学名、科属、保护等级、树龄、立牌时间、树木编号；对有特殊历史、文化、科研价值和纪念意义的古树名木，应当有文字说明。

第八条 古树名木行政主管部门应当会同同级规划行政主管部门，按照下列规定，划定古树名木和古树后备资源保护区：

（一）名木和一、二级保护的古树，其保护区不小于树冠垂直投影外 5 米；

（二）三级保护的古树，其保护区不小于树冠垂直投影外 3 米；

（三）古树后备资源，其保护区不小于树冠垂直投影外 2 米。

第九条 在古树名木和古树后备资源保护区内，应当采取措施保持土壤的透水、透气性，不得从事挖掘取土、铺埋管线、堆放杂物、倾倒有害废渣废液、焚烧、修建建筑物或者构筑物等活动。

在保护区内现存的建筑物和构筑物，除法律、法规规定不宜拆除的外，应当有计划地拆除。发现危及古树名木和古树后备资源正常生长、生存的，古树名木行政主管部门应当要求有关单位或者个人限期拆除，并按规定给予适当经济补偿。

在保护区内新建、改建、扩建的建设工程影响古树名木和古树后备资源生长的，建设单位必须提出避让和保护措施。规划行政主管部门在核发建设工程规划许可证时，涉及古树名木和古树后备资源的，应当事先征求古树名木行政主管部门意见。

第十条 古树名木和古树后备资源的管理工作按照专业养护管理和单位、个人保护管理相结合的原则确定：

（一）生长在机关、团体、企事业单位、部队、风景名胜区、森林公园、自然保护区、林区和寺庙用地范围内的，由所在单位或者经营单位管护；

（二）生长在铁路、公路、水库、湖渠和河流用地范围内的，由铁路、公路和水利部门负责管护；

（三）生长在城市公园绿地、生产绿地、防护绿地范围内的，由城市绿化主管部门负责落实管护；

（四）生长在住宅小区或者私人宅院内的，由物业管理单位或者业主负责管护；

（五）生长在农村集体所有的非林业用地上的，由所在镇人民政府(街道办事处)负责落实管护；

（六）其他古树、名木和古树后备资源，由所在县级市、区古树名木主管部门负责落实管护。

第十一条 古树名木行政主管部门应当与辖区内古树名木管护责任人签订管护责任书。管护责任人发生变更的，应当到古树名木管理部门办理管护责任转移手续。

第十二条 市古树名木行政主管部门应当制定古树名木和古树后备资源的管护技术规范。管护责任人应当按照管护技术规范管护古树名木和古树后备资源。

遇台风、严重旱涝和其他自然灾害时，管护责任人应当及时采取保护措施。

管护责任人发现古树名木和古树后备资源有严重病虫害、衰萎、濒危及其他异常情况的，应当及时报告古树名木行政主管部门，古树名木行政主管部门应当在收到报告后及时组织进行抢救和复壮，并将详细情况载入古树名木和古树后备资源档案。

古树名木和古树后备资源死亡的，管护责任人应当及时向古树名木行政主管部门报告，由古树名木行政主管部门确认后，明确责任，作出处理方案，予以注销，并按程序进行备案。

第十三条 古树名木和古树后备资源的日常管护费用由管护责任人承担。

承担管护费用确有困难的管护责任人，可以向所在县级市、区古树名木行政主管部门申请管护补助经费。

市和县级市、区人民政府应当设立古树名木和古树后备资源保护的专项经费，用于对古树名木和古树后备资源的抢救、复壮和保护设施的建设、维修，以及对管护经费有困难者的补助。

鼓励单位和个人以捐资、认养等形式参与古树名木和古树后备资源的保护。

第十四条 古树名木行政主管部门应当按下列规定对古树名木和古树后备资源定期进行检查、复查。

（一）名木和一、二级保护的古树每半年一次；

（二）三级保护的古树和古树后备资源每年一次。

在检查中发现树木生长有异常的，应当要求管护责任人采取相关保护措施。检查情况载入古树名木和古树后备资源档案。

第十五条 禁止移植名木和一、二级保护的古树。不得擅自移植其他古树和古树后备资源。

所有古树名木和古树后备资源，未经市古树名木行政主管部门审核，并报市人民政府批准的，不得买卖、转让。

因重大基础设施建设确需移植古树名木和古树后备资源的，须经市古树名木主管部门审核同意，并按规定履行审批手续。

古树名木和古树后备资源的移植及移植后 5 年内的管护，应当由专业绿化养护单位负责。古树名木和古树后备资源的移植费用及移植后 5 年内的管护费用由申请移植的单位或者个人承担。

第十六条 禁止下列损害古树名木和古树后备资源以及附属设施的行为：

（一）擅自修剪、移植、砍伐、买卖；

（二）剥损树皮、攀树折枝，借用树干做支撑物或者倚树搭棚；

（三）未经管护责任单位（人）同意，采摘果实、种籽或花叶；

（四）在树上刻划、敲钉、悬挂或者缠绕物品；

（五）损坏树木的支撑、围护设施及标牌等相关保护设施；

（六）其他损害古树名木和古树后备资源的行为。

第十七条 违反本办法规定，损坏古树名木和古树后备资源及相关设施的，应当依法赔偿损失。

第十八条 违反本办法规定，损坏古树名木和古树后备资源未造成严重后果的，由古树名木主管部门责令其停止侵害，限期改正或采取其他补救措施，并可处以罚款。擅自砍伐或移植古树名木和古树后备资源的，由古树名木主管部门处以树木赔偿费3倍以上5倍以下的罚款；情节严重，构成犯罪的，移交司法机关依法追究刑事责任。

第十九条 古树名木行政主管部门工作人员因玩忽职守，致古树名木和古树后备资源损伤或者死亡的，依法给予行政处分；构成犯罪的，依法追究刑事责任。

第二十条 本办法由市人民政府城市绿化行政主管部门和林业行政主管部门负责解释。

第二十一条 本办法自发布之日起施行。

古
树名
木

河南省郑州市古树名木保护管理办法

(2005年8月5日郑州市人民政府令第145号发布)

第一条 为加强古树名木的保护与管理,根据《中华人民共和国森林法》和国务院《城市绿化条例》等有关法律、法规的规定,结合本市实际,制定本办法。

第二条 本办法所称古树,是指树龄在一百年以上的树木。

本办法所称名木,是指树种珍贵、稀有以及具有重要历史、文化、科研价值或具有重要纪念意义的树木。

第三条 树龄500年以上的古树实行一级保护,树龄300年以上的古树实行二级保护,其余的古树实行三级保护。

名木实行一级保护。

第四条 本办法适用于本市行政区域内古树名木的保护与管理。

第五条 古树名木保护实行专业保护与社会公众保护相结合、定期养护与日常养护相结合的原则。

第六条 市、县(市、区)城市园林绿化行政主管部门按照有关法律、法规和本办法规定,负责城市建成区、风景名胜区、工矿区古树名木的保护管理和监督检查工作。

市、县(市、区)林业行政主管部门负责前款规定区域以外古树名木的保护管理和监督检查工作。

第七条 各级人民政府应当加强对古树名木保护的宣传教育,鼓励和促进古树名木保护的科学研究,推广古树名木保护科研成果,对保护古树名木成绩突出的单位和个人予以表彰或奖励。

第八条 任何单位和个人都有保护古树名木的义务,对损害古树名木的行为有制止和举报的权利。

对损害古树名木的违法行为,市、县(市、区)城市园林绿化行政主管部门和林业行政主管部门(以下统称古树名木行政主管部门)应当及时查处。

第九条 古树名木行政主管部门应当对本行政区域内的古树名木进行登记、拍照,并按有关规定和程序进行鉴定、确认和统一编号,建立资源档案。

公民、法人或其他组织发现应当列入古树名木保护范围的树木,应当报市或县(市、区)古树名木行政主管部门鉴定、确认。

古树名木名录由市人民政府向社会公布。

第十条 市和县(市、区)人民政府应当在古树名木周围醒目位置设立统一的标示牌,标明树名、学名、科属、等级、树龄、树木编号及管护单位等内容；对有特殊历史、文化、科研价值和纪念意义的古树名木，应当有文字说明。

第十一条 市和县（市、区）古树名木行政主管部门应当根据古树名木保护的需要划定古树名木保护范围。其中，一级古树名木保护的范围不小于树冠垂直投影外 5 米，二级古树名木保护的范围不小于树冠垂直投影外 3 米，三级古树名木保护的范围不小于树冠垂直投影外 2 米。

第十二条 在古树名木保护范围内，不得有下列行为：

（一）新建建筑物、构筑物；

（二）挖坑取土、敷设管线；

（三）堆放杂物和垃圾；

（四）倾倒有毒有害废渣、废液，排放烟气；

（五）使用明火或焚烧沥青、落叶等；

（六）法律、法规、规章禁止的其他行为。

第十三条 新建、改建、扩建建设工程影响古树名木生长的，建设单位必须制定避让和保护措施。城市规划行政主管部门在核发建设工程规划许可证时，应当征求古树名木行政主管部门的意见。

第十四条 禁止下列损害古树名木的行为：

（一）在树上刻划钉钉、悬挂物品、缠绕绳索、架设电线；

（二）借树木作为支撑物或者固定物；

（三）剥损树皮、攀树折枝；

（四）擅自砍伐、移植；

（五）影响古树名木生长的硬化、固化地面行为；

（六）其他损坏古树名木的行为。

第十五条 古树名木的保护实行属地管理。

古树名木的管护责任，按下列规定确定：

（一）在城市公园、游园、公共绿地、城市道路范围内的古树名木，由城市园林绿化行政主管部门负责落实管护责任；

（二）在国有林场范围内的古树名木，由林业行政主管部门负责落实管护责任；

（三）在机关、团体、企事业单位、部队、风景名胜区、森林公园、文物保护单位、寺庙等用地范围内的古树名木，由所在单位负责管护；

（四）在铁路、公路、水库用地范围内的古树名木，由铁路、公路和水行政主管部门负责落实管护责任；

（五）在住宅小区或私人宅院内的古树名木，由物业管理单位或者业主负责管护；

（六）在农村集体土地上的古树名木，由土地使用权人负责管护；

（七）个人所有的古树名木，由个人负责管护。

鼓励单位和个人以捐资、认养等形式，参与古树名木的保护。

第十六条 市和县（市、区）古树名木行政主管部门应当按照管辖范围与管护责任人签订管护责任书，明确管护责任。管护责任人发生变更的，应当到市或县（市、区）古树名木行政主管部门办理变更手续。

第十七条 管护责任人应当按照市古树名木行政主管部门制定的古树名木管护技术规范进行管护。市和县（市、区）古树名木行政主管部门应当向管护责任人提供管护知识培训和技术指导。

第十八条 遇有严重干旱、洪涝等自然灾害时，古树名木管护责任人应当及时采取保护措施。

古树名木有严重病虫害或出现长势衰弱、枯萎等异常情况的，管护责任人应当及时报告市或县（市、区）古树名木行政主管部门。市和县（市、区）古树名木行政主管部门应当在接到报告后及时组织治理复壮，并将治理复壮情况记入古树名木资源档案。

古树名木死亡的，应当经市古树名木行政主管部门确认，查明原因，明确责任，办理注销登记手续。

第十九条 古树名木的日常管护费用，由管护责任人承担。承担日常管护费用确有困难的，可以向市或县（市）、区古树名木行政主管部门申请经费补助。

古树名木建档挂牌、治理复壮、设置保护设施的费用，由市、县（市、区）人民政府予以保证。

第二十条 违反本办法第十二条、第十四条第（一）、（二）、（三）、（五）、（六）项规定的，责令改正，并处以 500 元以上 3000 元以下罚款。

第二十一条 违反本办法第十四条第（四）项规定的，责令改正，并处以 5000 元以上 10000 元以下罚款。

第二十二条 古树名木的管护责任人未按照管护技术规范进行管护或者未按规定采取保护措施的，责令改正，并可处以 3000 元以上 5000 元以下罚款。

第二十三条 本办法第二十条、第二十一条、第二十二条规定的行政处罚，在依法实行城市管理综合执法区域内的，由城市管理行政执法部门负责实施；在其他区域的，由古树名木行政主管部门负责实施。

第二十四条 违反本办法规定的行为，造成古树名木损伤或死亡的，应当依法承担赔偿责任；构成犯罪的，依法追究刑事责任。

古树名木损伤或死亡的赔偿标准，由古树名木行政主管部门组织专家或专业人员评估后确定。

第二十五条 古树名木行政主管部门的工作人员因玩忽职守造成古树名木损伤或死亡的，由其所在单位或有管理权限的部门依法给予行政处分；构成犯罪的，依法追究刑事责任。

第二十六条 本办法自 2005 年 9 月 10 日起施行。

四川省成都市古树名木保护管理规定

(2008年2月28日成都市第十五届人民代表大会常务委员会第二次会议通过)

第一条 为了加强对古树名木的保护管理，维护历史文化名城的风貌，根据《中华人民共和国物权法》、《中华人民共和国森林法》、国务院《城市绿化条例》等法律、法规，结合成都市实际，制定本规定。

第二条 本规定所称古树，是指树龄在100年以上的树木；所称名木，是指珍贵、稀有或者具有历史价值、重要纪念意义、特殊价值的树木。

古树名木由市或区(市)县古树名木行政主管部门组织专家确认，经市古树名木行政主管部门审查汇总后，报市人民政府公布。

第三条 本规定适用于本市行政区划范围内古树名木的保护管理活动。

第四条 市林业和园林行政主管部门负责全市古树名木的保护管理工作；区(市)县林业和园林行政主管部门或者区(市)县人民政府确定的行政主管部门负责其辖区内古树名木的保护管理工作。

前款规定部门统称"古树名木行政主管部门"。

第五条 古树名木是国家保护性自然资源，任何单位和个人都有保护古树名木及其附属设施的义务；对损害、损坏古树名木及其附属设施的行为，有权制止、检举和控告。

本市鼓励单位和个人捐资保护或认养古树名木。捐资人、认养人可以根据捐资保护或认养约定在古树名木标牌中享有一定期限的署名权。

第六条 市和区(市)县人民政府应每年安排专项资金用于古树名木的保护管理工作。

第七条 古树名木行政主管部门对其辖区内的古树名木履行下列管理职责：

(一)进行调查登记、鉴定分级、建立档案、设置标志；

(二)定期对古树名木生长和管护情况进行监督和检查；

(三)对管护责任人予以管护技术指导；

(四)加强对古树名木保护的科学研究，推广应用科学研究成果；

(五)根据古树名木生长需要，划定古树名木保护范围，将保护档案送规划行政主管部门备案，并向社会公布信息；

(六)法律、法规、规章规定的其他保护管理职责。

第八条 古树名木的管护责任人按照下列规定确定：

(一)国家机关、部队、学校、社会团体、企事业单位和封闭式公园、风景名胜区、寺庙等用地范围内的，由所在单位负责；

（二）开放式公园、公共绿地、广场、城镇公共道路用地范围内的，由建设管理责任单位负责；

（三）铁路、公路、河堤用地范围内的，分别由铁路、公路、河道管理部门负责；

（四）住宅小区、居民院落内的，由物业服务企业或者其他管理人负责。未选聘物业服务企业或者其他管理人的，由当地社区居民委员会负责；

（五）农村集体土地上的，由土地承包经营权人、宅基地使用权人负责；尚未确定土地使用权的，由村(居)民委员会负责。

第九条 古树名木管护责任人应当与古树名木行政主管部门签订管护责任书，并履行下列管护职责：

（一）确定或者委托专门人员负责管护；

（二）按照技术规范管护古树名木；

（三）古树名木长势衰弱或濒危时，及时报告古树名木行政主管部门，并按照古树名木行政主管部门的要求进行治理和复壮。

管护责任人发生变更的，应当向古树名木行政主管部门办理管护责任转移手续。

第十条 古树名木的抢救、复壮费用由国家承担。

第十一条 古树名木死亡，管护责任人应当及时报告古树名木行政主管部门。古树名木行政主管部门确认并查明原因、确定责任后，予以注销。危及安全必须采伐的，应按法定程序报批，经批准后方可处理。

第十二条 禁止从事下列损害、损坏古树名木及其附属设施的行为：

（一）在树冠垂直投影内挖坑取土、动用明火、排放废气、倾倒污水污物、堆物、封砌地面；

（二）在树冠外侧5米内新建建(构)筑物或者在树冠外侧3米内埋设地下管线；

（三）攀树、折枝、剥损树皮；

（四）损坏古树名木附属设施；

（五）借用树干做支撑物或倚树搭棚；

（六）刻划、钉钉、拴绳挂物；

（七）其他损害行为。

第十三条 建设项目涉及古树名木的，建设单位应当制定避让或保护方案，并经古树名木行政主管部门批准后，规划行政主管部门方可办理有关规划手续。

建设和施工单位应当按照批准的避让或保护方案保护古树名木。

第十四条 对于影响、危害古树名木正常生长的生产、经营、生活设施或建筑物，由古树名木行政主管部门责令所有权人或实际管理人限期采取措施，消除影响和危害。

第十五条 禁止砍伐、擅自移植古树名木。

因公共利益需要必须移植古树名木的，应经古树名木行政主管部门审查同意，并制订移植保护方案后，报同级人民政府批准。区(市)县人民政府批准的，批准机关应当报市人民政府备案。

移植300年以上和特别珍贵稀有或者具有重要历史价值和纪念意义的古树名木，应经省建设、林业行政主管部门审核同意后，报省人民政府批准。

经批准移植的古树名木，由古树名木行政主管部门指定的园林绿化作业单位按照批准的移植保护方案实施移植。

第十六条 违反本规定，侵害古树名木，造成损失的，应当依法承担损害赔偿责任。

第十七条 违反本规定第九条第一款第(二)、(三)项规定，拒不按照技术规范管护古树名木或者拒不履行报告义务的，由古树名木行政主管部门责令限期改正；造成古树名木损害的，处以每株500元以上2000元以下罚款；造成古树名木死亡的，处以每株1万元以上3万元以下罚款。

第十八条 违反本规定第十一条规定，擅自处理死亡古树名木的，由古树名木行政主管部门处以每株2000元以上1万元以下罚款；有违法所得的，没收违法所得。

第十九条 违反本规定第十二条规定，损害、损坏古树名木及其附属设施的，由古树名木行政主管部门限期改正，并按照下列规定处以罚款：

(一)对古树名木损害较轻的，处以每株200元以上1000元以下罚款；

(二)损害古树名木枝干或者根系的，处以每株2000元以上1万元以下罚款；

(三)造成古树名木死亡的，处以每株1万元以上5万元以下罚款。

第二十条 违反本规定第十三条、第十四条规定侵害古树名木的，由古树名木行政主管部门责令限期改正，并按照本规定第十九条的规定予以处罚。

第二十一条 违反本规定第十五条规定，砍伐或者擅自移植古树名木的，由古树名木行政主管部门按照《四川省城市园林绿化条例》或《四川省绿化条例》的相关规定处罚。

第二十二条 古树名木行政主管部门的工作人员玩忽职守、滥用职权、徇私舞弊的，由其所在单位或上级主管部门给予行政处分；构成犯罪的，依法追究刑事责任。

第二十三条 本规定自2008年8月1日起施行。1999年4月15日成都市第十三届人民代表大会常务委员会第七次会议通过，1999年6月1日四川省第九届人民代表大会常务委员会第九次会议批准的《成都市古树名木保护管理条例》同时废止。

广东省湛江市古树名木保护管理办法

(2004年12月30日湛江市人民政府令132号发布)

第一条 为了加强古树名木的保护管理,根据《城市绿化条例》(国务院100号令)和《广东省城市绿化条例》,结合本市实际,特制定本办法。

第二条 本办法适用于本市行政区域内古树名木的保护和管理。

第三条 百年以上的树木、稀有珍贵树木、具有历史价值或者重要纪念意义的树木均属古树名木。

第四条 古树名木的分级及标准:古树分为国家一、二、三级,国家一级古树树龄500年以上,国家二级古树300 — 499年,国家三级古树100 — 299年。国家级名木不受树龄限制,不分级。

第五条 市、县(市、区)人民政府园林主管部门是所在地城市规划区内古树名木保护管理工作的主管部门,市、县(市、区)人民政府林业主管部门是所在地城市规划区外范围的古树名木保护管理工作的主管部门。

第六条 古树名木是国家的宝贵财富,任何单位和个人均有保护古树名木的义务和制止、检举损害古树名木行为的权利。

园林主管部门和林业主管部门对保护古树名木成绩显著的单位和个人,应给予表彰和奖励。

第七条 园林主管部门和林业主管部门应当对本行政区域内的古树名木进行调查、鉴定、定级、登记、编号,并建立档案,设立标牌,建护栏。

园林主管部门和林业主管部门应加强对古树名木的监督、维护和技术指导,并确定养护管理的技术规范,积极组织开展对古树名木的科学研究,推广应用科研成果,普及保护知识,提高保护和管理水平。

第八条 古树名木实行养护责任制。古树名木生存地归属单位和个人,为该古树名木的保护管理责任单位或责任人:

(一)生长在城市园林绿化专业养护管理部门管理的绿地、街道、公园的古树名木,由城市园林绿化专业养护管理部门负责保护管理;

(二)生长在林地、风景名胜区内的古树名木,由林地、风景名胜区管理部门负责保护管理;

(三)生长在居民小区的,由所在的街道办事处和居民委员会负责保护管理;

（四）生长在机关、部队、学校、团体、寺庙、教堂、企事业单位管界内的，由所在单位负责保护管理；

（五）生长在私人庭院的，该住户居民为保护管理责任人；庭院多人共有的，住户居民为共同保护管理责任人；

（六）在上述范围以外的古树名木，分别由所在地的街道办事处和镇（乡）人民政府负责组织养护。

第九条 古树名木保护管理责任单位或者责任人应按照市园林、林业主管部门制定的技术规范和规定的养护管理措施实施保护管理。

古树名木受到损害或者长势衰弱，保护管理单位和个人应当立即报告园林主管部门或林业主管部门。

对已死的古树名木，应当经园林或林业主管部门确认，查明原因，明确责任并予以注销登记后，方可进行处理。

第十条 严禁砍伐、迁移、买卖古树名木。因国家、省、市重点建设工程确需移植古树名木的，应当经园林主管部门或林业主管部门验证，审查同意后，报省建设行政主管部门或省林业行政主管部门审核，呈省人民政府批准。移植所需费用由工程建设单位承担。

第十一条 古树名木的养护管理费用由古树名木责任单位或责任人承担。抢救、复壮古树名木的费用，园林主管部门或者林业主管部门可适当给予补贴。

第十二条 古树名木树冠以外10~15米，为古树名木生长范围。

在生长保护范围内新建、改建、扩建建设工程，必须满足古树名木根系生长和日照最基本的要求，建设单位应当主动告知园林主管部门或林业主管部门，并提出避让和保护措施。建设、规划行政部门在办理有关手续时，应当兼顾古树名木的分布和保护范围，确定建设工程的定址界限和落实具体措施后，方可进行施工。

第十三条 禁止下列损害古树名木的行为：

（一）在树上刻划、张贴或者悬挂物品；

（二）在施工等作业时借树木作为支撑物或固定物；

（三）攀树、折枝、挖根、摘果实种子或剥树皮；

（四）距树冠垂直投影5米的范围内堆放物料、挖坑取土、兴建临时设施建筑，倾倒有害污水、污物垃圾，动用明火或者排放烟气；

（五）擅自修剪、移植、砍伐、转让买卖。

第十四条 古树名木保护措施与其他文物保护措施相矛盾的，由市园林、林业主管部门和市文物管理部门共同制定保护措施。

第十五条 有下列行为之一的，由园林主管部门或林业主管部门依照有关法律、法规规定予以处罚：

（一）损害古树名木正常生长的；

（二）擅自迁移、砍伐古树名木致死的。

第十六条　破坏古树名木及其标牌与保护设施，触犯《中华人民共和国治安管理处罚条例》的，由公安机关依法处理；构成犯罪的，由司法机关依法追究刑事责任。

　　第十七条　园林主管部门和林业主管部门因保护、整治措施不力，或者因工作人员玩忽职守，致使古树名木损伤或者死亡的，由上级主管部门对该管理部门领导给予处分；情节严重，构成犯罪的，由司法机关依法追究刑事责任。

　　第十八条　当事人对行政处罚决定不服的，可以依法申请行政复议或者提起行政诉讼。逾期不申请行政复议，也不提起行政诉讼，又不履行行政处罚决定的，由作出行政处罚决定的园林主管部门或林业主管部门依法申请人民法院强制执行。

　　第十九条　本办法自 2005 年 2 月 1 日起施行。

陕西省宝鸡市古树名木保护管理暂行办法

(2005年7月15日宝鸡市人民政府令第52号发布)

第一条 为了加强古树名木保护管理，促进生态环境和经济社会协调发展，根据《中华人民共和国森林法》、《城市绿化条例》、《陕西省森林管理条例》等法律、法规规定，结合本市实际，制定本办法。

第二条 本办法所称古树，是指树龄在100年以上的树木。本办法所称名木，是指珍贵、稀有树木或者有重要历史、文化、科学研究价值和纪念意义的树木。

第三条 本市行政区域内古树名木的保护管理，适用本办法。

第四条 市、县（区）人民政府林业、城市行政主管部门依照人民政府规定的职责，负责本行政区域内古树名木的保护管理工作。市、县（区）人民政府绿化委员会统一组织、协调古树名木的保护管理工作。

第五条 古树名木实行属地保护管理。古树名木保护坚持专业保护与公众保护相结合、定期养护与日常养护相结合的原则。

第六条 各级人民政府应当加强对古树名木保护的宣传教育，鼓励和促进古树名木保护的科学研究，推广古树名木保护科研成果，对保护古树名木成绩突出的单位和个人予以表彰奖励。

第七条 任何单位和个人都有保护古树名木的义务，不得损害和随意处置古树名木，对损害古树名木的行为有批评、劝阻和举报的权利。对损害古树名木的违法行为，林业、城市绿化行政主管部门应当及时查处。

第八条 县（区）人民政府应当组织林业、城市绿化行政主管部门和有关单位，每5年对本行政区域内的古树名木资源至少进行一次普查，对古树名木进行鉴定确认、登记编号、设立标牌、建立档案、划定保护范围、签订责任书落实管护责任，并及时向社会公布。

第九条 县（区）人民政府设立古树名木保护标牌，应当标明中文名称、学名、科名、树龄、编号等内容。任何单位和个人不得擅自移动或者破坏古树名木保护标牌。

第十条 古树名木生长土地的使用单位和个人，为古树名木的养护责任人，并按下列规定实行养护责任制：

（一）机关、团体、部队、企业事业单位用地范围内的古树名木由所在单位负责养护；

（二）铁路、公路、河道、水库用地范围内的古树名木，由铁路、公路和水利工程管理单位负责养护；

（三）城市公共绿地范围内的古树名木，由城市绿化管理单位负责养护；

（四）城镇居住小区内的古树名木，由业主或业主委托的物业管理企业负责养护；

（五）农村集体土地范围内的古树名木，由所在村民委员会或者村民小组负责养护；

（六）城镇居民庭院和农村居民宅基地内的古树名木，由居民负责养护；

前款规定以外的古树名木，养护责任人由所在县（区）林业、城市绿化行政主管部门确定。

第十一条　县（区）人民政府应当与古树名木养护责任人签订养护责任书，明确养护责任。养护责任人应当加强对古树名木的日常养护，防止发生损害古树名木行为。

第十二条　市绿化委员会应当组织制定古树名木养护技术规范。林业、城市绿化行政主管部门应当指导养护责任单位和个人按照养护技术规范对古树名木进行养护，并无偿提供技术服务；同时应当组织对古树名木的专业养护和管理，对古树名木每年至少组织一次检查，发现病虫害或者其他生长异常情况时，应当及时救治。

第十三条　古树名木日常养护费用由养护责任人承担。承担养护费用确有困难的单位和个人，可以向所在县（区）人民政府申请养护补助经费，养护补助经费应专项用于古树名木的养护。

县（区）人民政府应当设立古树名木资源保护管理专项经费，专门用于古树名木资源普查、建档设牌、抢救、复壮，保护设施的建设、维修以及对承担养护费用有困难者的补助。

鼓励单位和个人捐资保护、认养古树名木。捐资、认养古树名木的单位和个人可以在古树名木保护标牌中享有一定期限的署名权。

第十四条　禁止下列损害古树名木的行为：

（一）砍伐和擅自移植古树名木；

（二）刻划钉钉、剥损树皮、攀树折枝、缠绕绳索、借树搭棚或做支撑物、采集叶片果实等影响古树名木正常生长；

（三）在古树名木树冠垂直投影外5米范围内挖坑取土、动用明火、排放烟气、堆放倾倒有毒有害物料，新建扩建建筑物和构筑物等影响古树名木正常生长；

（四）硬化固化地面、遮挡日光，影响古树名木正常生长；

（五）损毁古树名木标志及设施；

（六）其他影响古树名木正常生长的行为。

第十五条　古树名木未经县级以上林业、城市绿化行政主管部门批准，不得买卖或转让。

第十六条　制定土地利用规划和城乡建设规划，应当在古树名木和古树群周围划出一定的建设控制地带，以保护其生长环境和风貌。

第十七条　建设项目影响古树名木正常生长的，应当采取避让和保护措施。建设单位提交的环境影响评价文件应当包括对古树名木生长影响及避让保护措施等内容．环境保护行政主管部门在审批环境影响评价文件时，应当征求林业、城市绿化行政部门的意见。否则，有关部门不得批准施工手续。

第十八条　养护责任人认为建设项目施工可能影响古树名木正常生长的，应当及时向林业、城市绿化行政主管部门报告。林业、城市绿化行政主管部门可以根据古树名木保护需要，向建设单位提出相应的保护要求，建设单位应当根据保护要求对古树名木实施保护措施。

第十九条　建设项目依法征占用古树名木生长土地的，建设单位应当按本办法的规定对古树名木进行保护和养护，并给原古树名木的所有者以适当补偿。

第二十条　因工程建设等特殊原因确需移植古树名木的，应当向县（区）林业、城市绿化行政主管部门提出申请，经组织专业技术人员论证后，逐级上报市人民政府和省林业厅批准。

古树名木移植和移植后5年内的养护，应当由具有专业资质的造林、绿化施工单位进行，所需费用由申请单位承担。

第二十一条　古树名木发生病虫害，或者遭受人为和自然损伤，出现明显生长衰弱、濒危症状的，养护责任人应当及时报告县（区）林业、城市绿化行政主管部门。林业、城市绿化行政主管部门接到报告后，应当及时组织专家和技术人员进行现场调查，并采取有效措施对古树名木进行抢救和复壮。

第二十二条　古树名木死亡的，养护责任人应当及时报告县（区）林业、城市绿化行政主管部门。林业、城市绿化行政主管部门接到报告后，应当及时进行调查、核实，查明原因，明确责任，对确认死亡的古树名木予以注销。任何单位和个人不得擅自处理未经林业、城市绿化行政主管部门确认死亡的古树名木。

第二十三条　违反本办法规定，采伐、毁坏、移植古树名木，破坏古树名木保护标志、设施的，由市、县（区）林业等有关行政主管部门依据《陕西省森林管理条例》和《城市绿化条例》规定予以处理；应当给予治安管理处罚的，由公安机关依照《中华人民共和国治安管理处罚条例》的有关规定处罚；构成犯罪的，依法追究刑事责任。

第二十四条　违反本办法规定的行为，法律、法规、规章另有处罚规定的，从其规定。

第二十五条　在古树名木保护和管理工作中，林业、城市绿化行政主管部门因保护管理措施不力，或者因其工作人员滥用职权、徇私舞弊、玩忽职守导致古树名木损伤或者死亡的，由其所在单位或者上级主管机关对直接负责的主管人员和其他直接责任人员依法给予行政处分。

第二十六条　古树名木鉴定确认、损失评估、移植养护具体技术办法，由市绿化委员会组织有关专业技术人员另行制定。

第二十七条　本办法自印发之日起施行。

湖北省武汉市古树名木保护管理考核办法

(武林办 [2006]14 号文件发布)

为了进一步加强对古树名木保护和管理，根据《武汉市森林资源管理办法》、《武汉市古树名木和古树后续资源保护条例》，特制定本考核办法。

一、考核内容

（一）组织管理　共 12 分

1. 领导重视 4 分

有分管古树名木的领导 (行文)1 分

有管理古树名木的部门 (行文)1 分

有研究古树名木的局办公会议 (记录) 和工作制度 2 分

2. 责任落实 4 分

每株古树有养护责任单位 1 分

每株古树有养护管理人员 1 分

与养护责任单位、管理人签定了养护责任书 2 分

3. 每季度书面报告古树管理情况和年工作总结 4 分

（二）技术管理　共 32 分

1. 有年度技术管理措施计划 1 分

2. 有对古树病虫害防治具体实施方案 1 分

3. 对每株古树挂有标志牌并保护良好 5 分

4. 对易受损坏的古树设立了围护栏 5 分

5. 对低湿地、积水处古树周围开排水沟并保畅通 2 分

6. 对生长在坡坎、土墩上古树建立挡土墙 2 分

7. 冬季在树冠投影范围内施有机肥料 2 分

8. 及时修补、填充树体上伤疤或空洞 2 分

9. 对有倾倒或折断可能的树干或大枝采取支撑措施 2 分

10. 对高大古树安装适当的避雷装置 2 分

11. 对根系裸露处培上适合根系生长的营养土 2 分

12. 对一级古树设立围护栏等重点措施到位 (如安装灌溉设备和避雷针、设置渗水井、实施根灌助壮剂、有通气管、开复壮沟等措施)6 分

（三）养护管理　共 18 分

1. 树穴无硬覆盖 2 分

2. 保证土壤疏松和改良 2 分

3. 无裸露根系 2 分

4. 无蛀干害虫、无白蚁危害、被危害的叶片每株不超过 2% 2 分

5. 树体基部萌生枝条已去除 2 分

6. 无枯枝 2 分

7. 树体无牵绳挂物、拴牲口、依树搭盖、堆放物料、刻划、钉钉等现象 2 分

8. 无焚烧、挖坑取土等现象 2 分

9. 树下无垃圾、废渣废液、有害化工药品与污水等 2 分

（四）档案管理　共 20 分

1. 原始档案保管良好（含文字及照片、表格等）5 分

2. 技术管理和养护管理记录良好（每周有记录等）5 分

3. 每季度巡查一级古树、每半年巡查二级古树、每年巡查古树后续资源记载规范完整 5 分

4. 异常情况（大风、雷电、洪水、暴雨等灾害）发生后及时发现、报告、处理记载完整 5 分

（五）其他管理　共 18 分

1. 及时鉴定没有登记的古树名木，依规办理移植、注销已登记的古树名木，变更养护责任人及时办理转移手续 5 分

2. 及时查处市民举报损害古树名木的案件 5 分

3. 向社会开展宣传古树名木保护法规活动 5 分

4. 积极组织、参加有关培训、会议 3 分

二、考核办法

1. 采取定期考核和不定期考核两种形式。定期考核一般在每年 11 月进行；不定期考核随机进行，并将考核情况作为年终考评依据。

2. 采取百分制考核。60 分至 69 分为基本合格；70 分至 89 分为合格。90 分以上为优秀，给予奖励。60 分以下为不合格，视行政不作为或作为不到位、或作为不规范，并予以通报批评。

3. 先由区局自查自评，并将自查结果上报市林业局。

4. 市局按本办法组织考核，公布检查考核结果。区局参照本办法对养护责任单位或管理人进行考核。

三、此办法从 2006 年 7 月 1 日起施行。

山西省灵石县南关镇的周槐

浙江省长兴县银杏大道

第三部分

古树名木保护技术标准

铜川古树

全国古树名木普查建档技术规定

(2001 年 9 月 26 日全国绿化委员会、国家林业局印发)

第一章　总则

第一条　根据《中华人民共和国森林法》、国务院《城市园林绿化条例》及全国绿化委员会《关于加强保护古树名木的决定》等法律、法规和文件规定,结合全国的实际,制定《全国古树名木普查建档技术规定》(以下简称《规定》)。

第二条　古树名木普查建档的主要目的是:搞清我国古树名木资源总量、种类、分布状况,管护中的经验和存在问题;古树名木在生态、科研、人文、地理、旅游诸方面的价值;为制订古树名木保护措施提供科学依据。

第三条　古树名木范畴:一般系指在人类历史过程中保存下来的年代久远或具有重要科研、历史、文化价值的树木。古树指树龄在 100 年以上的树木;名木指在历史上或社会上有重大影响的中外历代名人、领袖人物所植或者具有极其重要的历史、文化价值、纪念意义的树木。

东北内蒙古国有林区、西南西北国有林区、森林公园和自然保护区生长的古树名木,不纳入本次普查建档范围。其它地区成片生长的大面积古树,划定"古树群",纳入本次普查范畴。

第四条　古树名木的分级及标准:古树分为国家一、二、三级,国家一级古树树龄 500年以上,国家二级古树 300—499 年,国家三级古树 100—299 年。国家级名木不受年龄限制,不分级。

第五条　组织领导

古树名木的普查建档工作由各级绿化委员会统一领导。各级要成立临时普查领导小组,成员由有关部门负责同志组成,其办公室可设在同级绿化委员会办公室内,负责统筹协调本地区各部门开展普查工作。

第六条　建档管理

各地普查结束,经普查领导小组审查定稿后,要形成完整的古树名木资源档案,实行微机动态监测管理。古树名木档案每五年更新一次。

第二章　调查工作

第七条　技术培训

省(区、市)古树名木普查领导小组办公室统一组织本省各地及有关部门的普查技术培训，统一普查方法和技术标准。

第八条 工具材料准备

各地要根据古树名木的数量及工作量，确定普查人员数量，并配备普查设备和仪器。

第九条 过往资料搜集及社会调查

近年已搞过正规普查的，要将原资料进行分析，尽量利用，对缺项因子，要认真进行补充调查。

第十条 普查以县（市、区）为单位，逐村屯、逐单位、逐株进行现地调查实测、填卡。填表字迹必须工整清晰。

第十一条 每木调查

1. 填写省（市、区）、市（地、州）、县（市、区）名称，调查号顺序由各乡镇（街道）统一定，填写阿拉伯数字。在各乡镇（街道）调查的基础上，全县古树名木统一编号。

2. 树种：无把握识别的树种，要采集叶、花、果或小枝作标本，供专家鉴定。

3. 位置：逐项填写该树的具体位置，小地名要准确，是单位内的可填单位名称及部位。

4. 树龄：分三种情况，凡是有文献、史料及传说有据的可视作"真实年龄"；有传说，无据可依的作"传说年龄"；"估测年龄"估测前要认真走访，并根据各地制定的参照数据类推估计。

5. 树高：用测高器或米尺实测，记至整数。

6. 胸围（地围）：乔木量测胸围，灌木、藤本量测地围，记至整数。

7. 冠幅：分"东西"和"南北"两个方向量测，以树冠垂直投影确定冠幅宽度，计算平均数，记至整数。

8. 生长势：分五级，在调查表相应项上打"√"表示。枝繁叶茂，生长正常为"旺盛"；无自然枯损、枯梢，但生长渐趋停滞状为"一般"；自然枯梢，树体残缺、腐损，长势低下为"较差"；主梢及整体大部枯死，空干、根腐、少量活枝为"濒死"；已死亡的直接填写，死亡古树不进入全县统一编号，调查号要编，在总结报告中说明。

9. 树木特殊状况描述：包括奇特、怪异性状描述，如树体连生、基部分权、雷击断梢、根干腐等。如有严重病虫害，简要描述种类及发病状况。

10. 立地条件：坡向分东、西、南、北、东南、东北、西南、西北，平地不填；坡位分坡顶、上、中、下部等；坡度应实测；土壤名称填至土类；紧密度分"极紧密"、"紧密"、"中等"、"较疏松"、"疏松"五等填写。

11. 权属：分国有、集体、个人和其他，据实确定，打"√"表示。

12. 管护责任单位或个人：根据调查情况，如实填写具体负责管护古树名木的单位或个人。无单位或个人管护的，要说明。

13. 传说记载：简明记载群众中、历史上流传的该树各种神奇故事，以及与其有关的名人轶事和奇特怪异性状的传说等，记在该树卡片的背页，字数300字以内。

14. 保护现状及建议：主要针对该树保护中存在的主要问题，包括周围环境不利因素，简要提出今后保护对策建议。

第十二条 调查古树群，按《古树群调查表》（表二）要求如实填写。

第十三条 树种鉴定，非疑难树种，由县（市、区）调查人员确定，调查人员无把握定名的疑难树种，野外填写《古树名木树种鉴定表》（表三），并采集标本，由县（市、区）专业技术人员根据标本鉴定；县（市、区）无法确定的，标本送市（地、州）鉴定，以此类推。

第十四条 古树名木要用全景彩照，一株一照。古树群的古树，从三个不同角度整体拍照，不单株拍照。奇特怪异树木要体现"奇"、"怪"特色。照片编号与古树名木编号要一致。

第三章 质量管理

第十五条 各地要建立健全古树名木调查建档工作质量管理和技术责任制度，加强调查质量的监督，逐级检查验收，发现问题及时纠正，切实把好调查建档工作质量关。

第十六条 各县（市、区）普查结束后，要进行自检。在自检合格基础上，市（地、州）要逐县（市、区）组织抽查。省（区、市）也要对各市（地、州）的普查结果进行抽查。抽查数量不少于普查总量的5%。

第十七条 普查工作质量等级评定

1. 优秀：树种鉴定正确率达95%以上，各项调查因子误差小于5%，树种及株数漏登率小于5%；

2. 良好：树种鉴定正确率达95%以上，各项调查因子误差小于5%，树种及株数漏登率小于10%；

3. 合格：树种鉴定正确率达95%以下、90%以上，各项调查因子误差小于10%，树种及株数漏登率小于10%；

4. 不合格：树种鉴定正确率在90%以下，各项调查因子误差大于10%，树种及株数漏登率大于10%。

第四章 资料汇总

第十八条 县（市、区）上报市（地、州）资料，应经县（市、区）普查领导小组审查论证。上报资料主要有：

1. 全部《古树名木每木调查表》、《古树群调查表》和对应照片。

2. 需要上级鉴定的树种标本和对应的《古树名木树种鉴定表》。

3. 《县（市、区）古树名木清单》（表四），从散生到古树群依次排序填写，对古树群要标明株树，树种填主要树种，年龄填平均值。古树和名木不能重复统计。古树名木清单中要剔除非古树名木和已死亡古树名木。

4. 县（市、区）古树名木普查总结五份。

第十九条 各市（地、州）在抽查合格后，向省（区、市）报送下列资料：

1. 全部《古树名木每木调查表》、《古树群调查表》和对应照片。

2.需要上级鉴定的树种标本和对应的《古树名木树种鉴定表》。

3.《市（地、州）古树名木清单》。

4.市（地、州）普查总结五份。

原始数表必须上报省（区、市）普查领导小组办公室。

第二十条　各省（区、市）古树名木普查领导小组对各市（地、州）普查成果要严格审查、抽查，合格后向全国绿化委员会办公室报送如下资料：

1.《国家一级古树名木每木调查表》（复印件）和平均年龄达500年以上的《古树群调查表》，并附相应彩照。

2.《省（区、市）古树名木分类株数统计表》（表五，附软盘）。

3.《省（区、市）古树名木名录》（表六，附软盘）。名录中的编号是对本省（区、市）全部建档古树名木的统一编号，其中包括古树群，一片古树群编一个号，在备注栏中标明"古树群"和株数。

4.本省（区、市）古树名木普查工作总结报告（附省级质量检查报告）一式五份。

第五章　附　则

第二十一条　古树名木要由各省（区、市）统一编号、建档，实行计算机动态管理，并在各地建档的同时，一、二、三级古树名木分别由省（区、市）、市（地、州）、县（市、区）人民政府设立标牌，以资识别和保护。一片古树群设立一个标牌。标牌内容、式样由全国绿化委员会办公室统一制定，另行通知。

第二十二条　各省（区、市）可根据本地实际，制定实施细则或补充规定。

第二十三条　本规定由全国绿化委员会办公室负责解释。

古树名木每木调查表

_____ 省（区、市）_____ 市（地、州）_____ 县（区、市） 调查号：

表一

省（区、市）编号	树　种	中文名：　　　别　名：		
		拉丁名：		
		科　　　　属		
位置	乡镇（街道）　　村（居委会）　　社（组、号）			
	小地名：			
树龄	真实树龄　　年　　传说树龄　　年　　估测树龄　　年			
树高：	米	胸围（地围）：　　　　　厘米		
冠幅	平均　米	东西　米　　　　　南北　米		
立地条件	海拔　米；坡向　　；坡度　　度；坡位　　部			
	土壤名称：　　　；　　紧密度：			
生长势	①旺盛；　②一般；　③较差；　④濒死；　⑤死亡			
树木特殊状况描述				
权属	①国有；　②集体；　③个人；　④其他	原挂牌号：第　号		
管护单位或个人				
保护现状及建议				
古树历史传说或名木来历：有则记述于此页背面				
树种鉴定记载				

调查者：　　　　　日期：　　　　　审查者：　　　　　日期：

古树群调查表

_____省(区、市)_____市(地、州)_____县(区、市)

表二

地点		主要树种	
	四至界限		
面积	公顷	古树株数	
林分平均高度	米	林分平均胸围（地围）	厘米
平均树龄	年	郁闭度	
海拔	米～　米	坡度	度　坡向
土壤名称		土层厚度	厘米
下木	种类：　　　　　密度：		
地被物	种类：　　　　　密度：		
管护现状			
人为经营活动情况			
目的保护树种	科　　　　属		
管护单位			
保护建议			
备注			

调查者：　　　　日期：　　　　　　　审查者：　　　　日期：

古树名木树种鉴定表

_____省(区、市)_____市(地、州)_____县(区、市)

表三

标本采集记载	标本产地	乡（镇）			村（屯）	
		区		路（街）		号
	调查号					
	采集人			采集日期	年 月 日	
	标本部位（打"√"表示）	枝		叶	花	果

原处理记载	鉴定否（打"√"表示）		原鉴定	鉴定人		职称	
				日 期		中文名	
	县	地		拉丁名			
				参考书			

鉴 定 记 录				

鉴定结果	中文名		科 属
	拉丁名		

鉴定摘要	

鉴定人		职称		日期	年 月 日

备注	

155

古树名木清单

_____省(区、市)_____市(地、州)_____县(区、市)

表四

序号	乡（镇）		树种	树龄	古 树			名木	有无标本
	名 称	调查号			一级	二级	三级		

_____省(区、市)古树名木分类株数统计表

单位	计	古树和名木					区域			位置					分布		
		计	一级	二级	三级	名木	计	城市	农村	计	单位庭院	个人宅院	寺院	其它	计	散生	群状
合计																	
xx市																	

备注："其它"指路(街)旁(中心)、桥边、河边、村头宅地、荒野、农田等处生长的古树名木。

_____省(区、市)古树名木录

编号	中文名	别名	拉丁名	树龄	树高	胸围（地围）	冠幅	具体生长位置	管护单位（人）	备注

备注:树高、冠幅(平均值)计算单位米；胸围计算单位厘米；生长位置和管护单位要具体。

范例(虚拟)：

北京市古树名木名录

编号	中文名	别名	拉丁名	树龄	树高	胸围（地围）	冠幅	具体生长位置	管护单位（人）	备注
00001	银杏	帝王树	G.biloba	1000	40	940	18	门头沟区潭柘寺镇潭柘寺	潭柘寺	
......										
......										
34567	侧柏		P.orientalis	400	12	450	7	怀柔县杨宋镇仙台村南	仙台村	古树群320株

中华人民共和国林业行业标准《古树名木代码与条码》
(LY/T1664-2006)

(2006 年 8 月 31 日国家林业局发布，2006 年 12 月 1 日实施)

前言

本标准的附录A和附录B为资料性附录。

本标准由全国绿化委员会办公室提出。

本标准由国家林业局归口。

本标准起草单位：全国绿化委员会办公室、中国标准化研究院。

本标准主要起草人：伍赛珠、黄燕滨、周力军、黄泽霞、王毅。

1 范围

本标准规定了古树名木代码的结构、编制以及条码符号的表示方法。

本标准适用于古树名木管理信息系统中的数据采集、信息处理与交换。

2 规范性引用文件

下列文件中的条款通过本标准的引用而成为本标准的条款，凡是注日期的引用文件，其随后所有的修改单（不包括勘误的内容）或修订版均不适用于本标准，然而，鼓励根据本标准达成协议的各方研究是否可使用这些文件的最新版本。凡是不注日期的引用文件，其最新版本适用于本标准。

GB/T 2260 中华人民共和国行政区划代码

LY/T 1439 森林资源代码 树种

3 术语和定义

下列术语和定义适用于本标准。

3.1 古树 ancient trees

树龄在 100 年以上（含 100 年）的树木。

3.2 名木 famous trees

珍贵稀有的、具有重要历史文化价值、纪念意义及科研价值的树木。

3.3 古树群 community of ancient trees

在特定区域内成片生长并相互依存的多株古树组成的群体。

3.4 主体代码 key code

唯一标志一株古树名木或一片古树群的代码。

3.5 特征代码 characteristic code

表示一株古树名木或一片古树群的特征信息的代码。

4 古树名木的主体代码

4.1 主体代码的编码原则

4.1.1 唯一性

古树名木的主体代码不得出现重码，也不可将多个主体代码赋予同一株古树名木或同一片古树群。

4.1.2 稳定性

古树名木的主体代码一经确定，不应随意改变。主体代码不随特征代码的变化而变化。

4.2 主体代码的结构

古树名木主体代码由县级绿化委员会代码和序列码组成。单株古树名木的主体代码由11位数字组成，结构见图1(a)。古树群的主体代码由8位数字组成，结构见图1(b)。

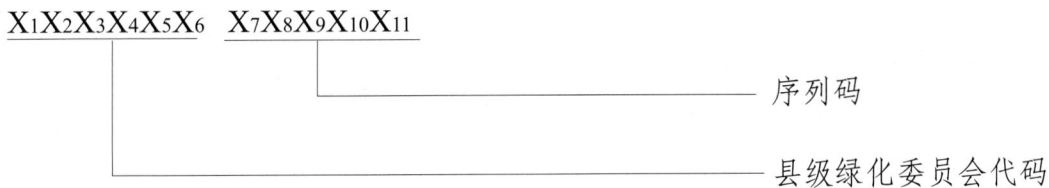

$$X_1X_2X_3X_4X_5X_6 \quad X_7X_8X_9X_{10}X_{11}$$

序列码

县级绿化委员会代码

(a) 单株古树名木的主体代码结构

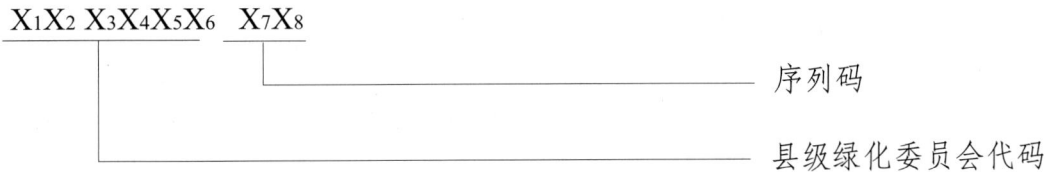

$$X_1X_2 \ X_3X_4X_5X_6 \quad X_7X_8$$

序列码

县级绿化委员会代码

(b) 古树群的主体代码结构

图 1　古树名木主体代码的结构

4.3 主体代码的编制

古树名木主体代码的组成码段的编制见表1。编码示例参见附录A。

表1 主体代码的编制

组成码段	占 位 符	说 明
县级绿化委员会代码	$X_1X_2X_3X_4X_5X_6$	唯一标志县级绿化委员会，用6位数字表示，采用县级绿化委员会所在地的行政区划代码，见GB/T 2260。
序列码	$X_7X_8X_9X_{10}X_{11}$（单株古树名木）	由县级绿化委员会赋予单株古树名木或一片古树群的代码。单株古树名木采用5位流水号，古树群采用2位流水号。
	X_7X_8（古树群）	

5 古树名木的特征代码

5.1 单株古树名木的特征代码

5.1.1 单株古树名木特征代码的结构

单株古树名木的特征代码由22位数字组成，包括名木标志代码、级别代码、种类代码、树龄代码、树高代码、胸围代码、冠幅代码、生长势代码和生长环境代码。具体结构如图2所示。

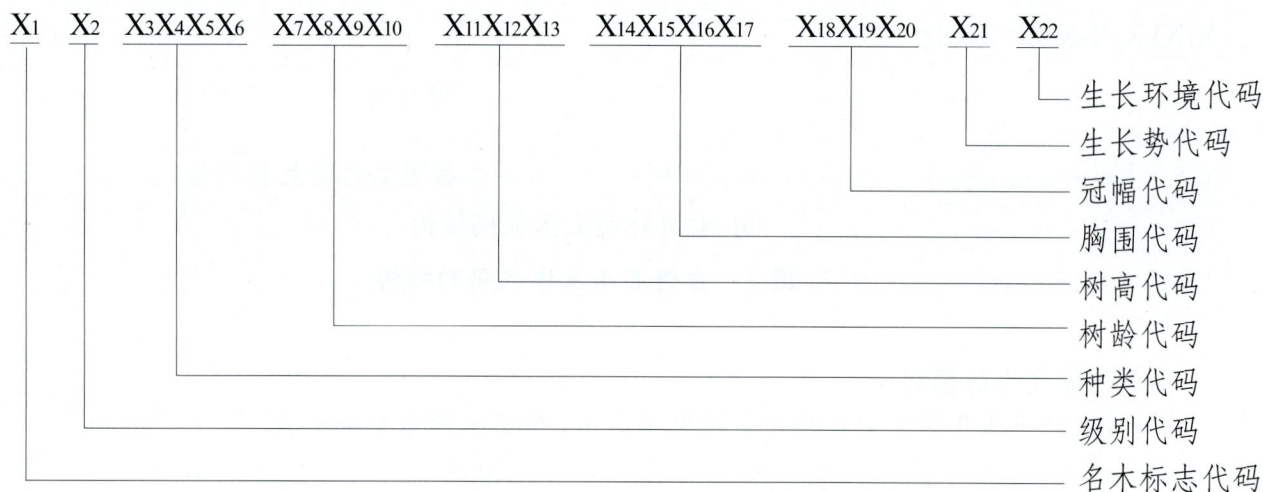

X_1 X_2 $X_3X_4X_5X_6$ $X_7X_8X_9X_{10}$ $X_{11}X_{12}X_{13}$ $X_{14}X_{15}X_{16}X_{17}$ $X_{18}X_{19}X_{20}$ X_{21} X_{22}

- 生长环境代码
- 生长势代码
- 冠幅代码
- 胸围代码
- 树高代码
- 树龄代码
- 种类代码
- 级别代码
- 名木标志代码

图2 单株古树名木特征代码的结构

5.1.2 单株古树名木特征代码的编制

单株古树名木特征代码的组成码段的编制见表2。编码示例参见附录A。

表2 单株古树名木特征代码的编制

组成码段	占位符	说明
名木标识代码	X_1	古树为1，名木为2，既是古树又是名木的为3。
级别代码	X_2	用1位数字表示，见表3。
种类代码	$X_3X_4X_5X_6$	描述古树名木的种类，用4位数字表示，采用LY/T 1439中树木种类的代码。
树龄代码	$X_7X_8X_9X_{10}$	古树名木的树龄，用4位数字表示。
树高代码	$X_{11}X_{12}X_{13}$	为古树名木的树高测量值，以米(m)为单位，计至小数点后1位，用3位数字表示。
胸围代码	$X_{14}X_{15}X_{16}X_{17}$	为古树名木的胸围测量值，以厘米(cm)为单位，计至整数，用4位数字表示。
冠幅代码	$X_{18}X_{19}X_{20}$	为古树名木冠幅测量平均值，以米(m)为单位，计至整数，用3位数字表示。
生长势代码	X_{21}	表示古树名木生长情况，见表4。
生长环境代码	X_{22}	表示古树名木生长环境情况，见表5。

注：主管单位可根据自身管理需求进行特征描述，并按照实际测量值编制特征代码。不必描述或代码值不足以填满规定位数的，可用"0"补足位。

表3 级别代码表

项目	一级古树	二级古树	三级古树
树龄	500年以上	300～499年	100～299年
代码	1	2	3

表4 生长势代码表

项目	生长势			
	正常	弱	濒危	死亡
代码	1	2	3	4

表5 生长环境代码表

项目	生长势		
	好	中	差
代码	1	2	3

5.2 古树群的特征代码
5.2.1 古树群特征代码的结构
古树群特征代码由 23 位数字组成，包括株数代码、面积代码、种类代码、树龄代码、树高代码和胸围代码。具体结构见图 3 所示。

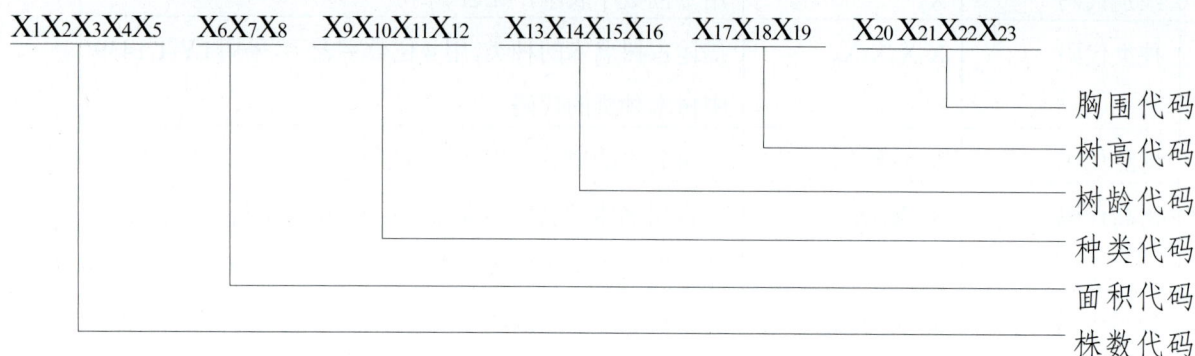

$$\underbrace{X_1X_2X_3X_4X_5}\quad\underbrace{X_6X_7X_8}\quad\underbrace{X_9X_{10}X_{11}X_{12}}\quad\underbrace{X_{13}X_{14}X_{15}X_{16}}\quad\underbrace{X_{17}X_{18}X_{19}}\quad\underbrace{X_{20}X_{21}X_{22}X_{23}}$$

胸围代码
树高代码
树龄代码
种类代码
面积代码
株数代码

图 3 古树群特征代码的结构

5.2.2 古树群特征代码的编制
古树群特征代码组成码段的编制见表 6。

表 6 古树群特征代码的编制

组成码段	占位符	说明
株数代码	$X_1X_2X_3X_4X_5$	古树群的株数，用 5 位数字表示。
面积代码	$X_6X_7X_8$	古树群所占面积，以公顷 (hm²) 为单位，计至小数点后 1 位，用 3 位数字表示。
种类代码	$X_9X_{10}X_{11}X_{12}$	描述古树群的主要树种，用 4 位数字表示，采用 LY/T 1439 中树木种类的代码。
树龄代码	$X_{13}X_{14}X_{15}X_{16}$	古树群的平均树龄，以年为单位，用 4 位数字表示。
树高代码	$X_{17}X_{18}X_{19}$	古树群的林分平均树高，以米 (m) 为单位，计至小数点后 1 位，用 3 位数字表示。
胸围代码	$X_{20}X_{21}X_{22}X_{23}$	为古树群的林分平均胸围值，以厘米 (cm) 为单位，计至整数，用 4 位数字表示。
注：主管单位可根据自身管理需求进行特征描述，并按照实际测量值编制特征代码。不必描述或代码值不足以填满规定位数的，可用 "0" 补足位。		

6 古树名木代码的条码表示
古树名木代码可采用一维条码或二维条码表示，参见附录 B。

附录 A

古树名木代码的编码示例

对于一棵生长在河北省承德市双桥区的树龄为 300 年，高 2.5m 的古桑，其编码如表 A.1 所示。

表 A.1　古树名木代码编码示例

代码结构	码段名称	代码值	说明
主体代码	县级绿化委员会代码	130802	河北省承德市双桥区绿化委员会代码为 130802
	序列码	12345	由县级绿化委员会赋予该棵古桑的流水号
特征代码	名木标志码	1	古树为 1
	级别代码	2	古桑为二级古树
	种类代码	0791	树种为桑树，查 LY/T1439 得树种代码
	树龄代码	0300	这棵古桑树龄为 300 年
	树高代码	025	古桑树高测量值为 2.5m
	胸围代码	0120	古桑胸围测量值为 120cm
	冠幅代码	003	古桑冠幅测量平均值为 3m
	生长势代码	1	古树生长正常
	生长环境代码	1	古树生长环境良好

该棵古桑的主体代码为 13080212345，特征代码为 12079103000250120003 11。

附录 B

（资料性附录）

古树名木代码的条码表示示例

B.1 一维条码示例

古树名木的主体代码和特征代码可以用一维条码表示。在进行古树名木管护或档案管理工作时，扫描识读该条码，通过以主体代码为关键字，查询数据库，从而获得单株古树名木或一片古树群在数据库中存储的全部信息。图 B.1 表示主体代码为"13080212345"（附录 A 列举的古桑）的 CODE 128 条码符号。

13080212345

图 B.1　CODE 128 条码示例

B.2 二维条码示例

二维条码可以表示与古树名木普查建档工作有关的全部图文信息。在进行古树名木管护或档案管理工作时，扫描该条码即可获得单株古树名木或一片古树群的普查建档全部信息，而无需外部数据库支持。图 B.2 是一个 PDF417 条码符号，存储信息为附录 A 中列举的古桑在普查建档中的有关信息。

图 B.2　PDF417 条码示例

164

全国古树名木管理信息系统简介

全国绿化委员会办公室   国家林业局调查规划设计院

前言

21 世纪是信息时代，信息化是当今世界科技、经济与社会发展的重要趋势，也是实现建设现代林业的重要手段。古树名木是中华民族悠久历史与文化的象征，是绿色文物，活的化石，是自然界和前人留给我们的无价珍宝，保护好、管理好这些活的文物，具有十分重要的意义。提高古树名木的信息化水平，用现代信息科技手段推动古树名木保护和管理的精确化、科学化、现代化，是林业信息化建设的主要内容之一。

全国古树名木信息管理系统充分应用网络技术、数据库技术、3S(GIS、GPS、RS)技术等高新技术，提供系统管理、用户管理、调查建档、信息变更、古树会诊、数据审核、查询统计和地理分布等功能，并形成国家、省、市、县四级上下一体、互联互通的全国古树名木信息管理系统，实现全国古树名木资源信息的数字化、标准化和网络化，提高全国古树名木保护和管理的现代化水平。在全国范围内推广和应用全国古树名木信息管理系统，对解决目前我国古树名木数据缺乏统一标准，国家对大量数据难以统筹管理，难以从中进行较深层次的信息开发和知识挖掘，难以满足各级管理工作的需要等问题，提供了非常好的工具和手段。

1 建设目标

基于现有的国家林业局网络系统，通过对各省古树名木数据的标准化改造，建立全国一体化的古树名木数据库，开发具有系统管理、用户管理、调查建档、信息变更、古树会诊、数据审核、查询统计和地理分布等功能的软件系统并在国家和各省部署运行，最终形成国家、省、市、县四级上下一体、互联互通的全国古树名木信息管理系统，实现全国古树名木资源信息的数字化、标准化和网络化，提高全国古树名木保护和管理的现代化水平。

2 建设原则

(1) 统筹安排，加强领导原则

各省要在国家林业局整体框架下开展工作，并统筹好本省的建设工作。各单位要加强领导，充分调动各部门的积极性，确保内部协调统一性，保证建设运行高效性，统一组织，统一实施，齐抓共管。

(2) 标准化、规范化原则

坚持标准规范先行，通过建立项目相关的各类标准、规范、制度，保障项目有序地开展和运行，确保数据在同一标准、规范下处理，实现共建共享。

(3) 科学性、先进性和可操作性原则

在保证可操作性的前提下，在应用系统设计上尽可能采用目前最为先进的技术，保持技术先进性，使新建立的系统能够最大限度地适应技术发展的需要，满足森林资源调查及灾害应急评估的要求。

(4) 安全性、可靠性和扩展性原则

应用系统及网络系统要保证数据具有良好的安全性，网络系统和数据的安全运行，把系统故障降低到最低程度，并能方便根据需要进行系统的更新。

3 系统结构

本系统分四级管理，即中央、省级管理部门、市级管理部门、县级管理部门。其中县级部门是古树名木数据的收集和维护者，负责基础数据的录入及上报，其他各级管理部门主要是审核下级数据，并对上一级用户负责数据的真实性，查询和统计各自范围内的数据，并完成对古树名木进行管理监督工作。在实际工作中由于各地条件不同，也可采取上级代管的方式，即省级系统直管到县级系统或国家级系统直管到县级系统的形式，本系统也允许此种结构存在。流程图如下：

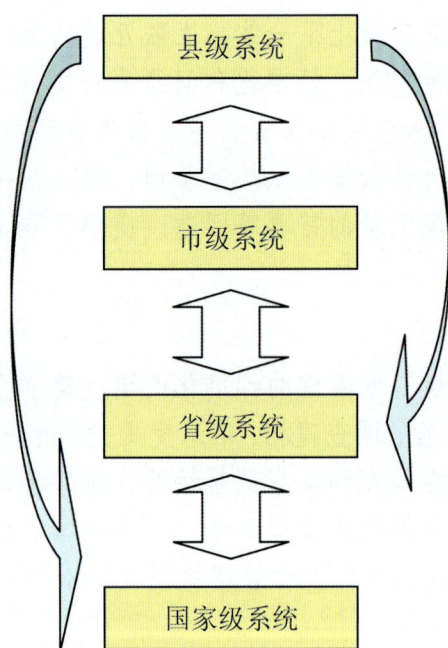

县级系统收集数据，并将正确的数据发送市或省级部门审核，省级部门将审核结果或意见发送回地区级，并将正确数据发送国家级管理部门。

除县级部门外的各级管理部门可以使用本系统将统计数据、地理分布信息及多媒体信息进行网上发布。

4 系统部署模式

第一种部署模式：

在省级管理部门部署 IMS 服务器和数据库服务器，数据库的后台管理和地图的发布以及应用系统的安装部署都在省级绿办，市级和县级绿办用户通过 SDH 专网 (林业专网或者政务专网) 访问服务器。

市级和县级绿办用户通过用户管理和系统设置完成古树名木数据的录入等管理工作。如图示：

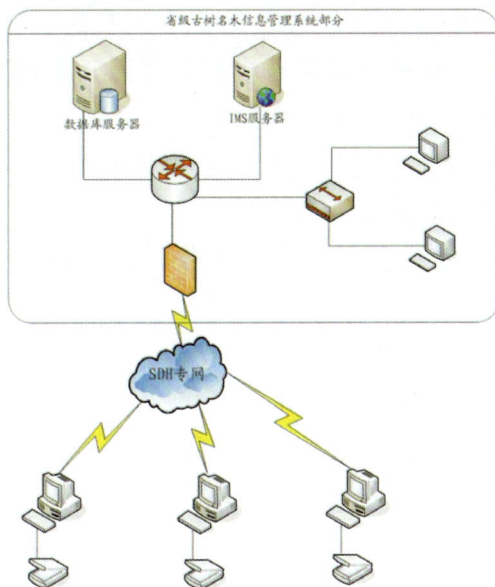

第二种部署模式：

在省级管理部门部署 IMS 服务器和数据库服务器，数据库的后台管理和地图的发布以及应用系统的安装部署都在省级绿办，市级和县级绿办用户通过 PSTN 公共网访问服务器。

在省级绿办用支持安全认证的路由器来控制具有合法身份的用户进行访问，完成数据传输的加密和解密。市级和县级绿办用户的身份认证信息存储在 USBKEY 中，通过 USBKEY(硬件设置)和用户管理和系统设置(软件设置)完成古树名木数据的录入等管理工作，从而保证数据的安全性。如图示：

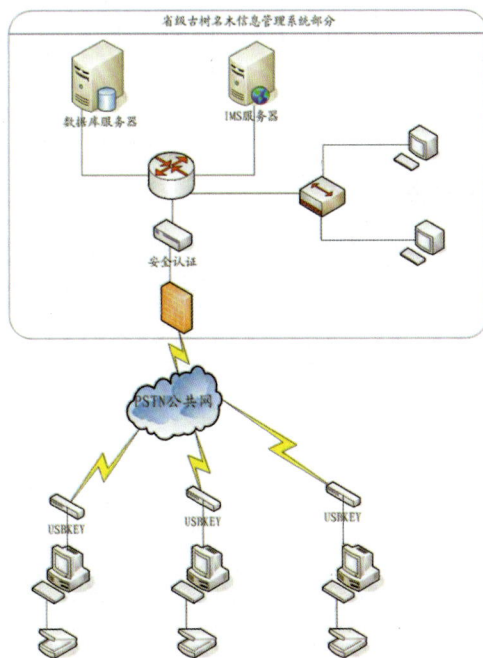

5 系统总体架构

系统硬件平台

古树名木信息管理系统建设重点在各省级管理部门，在硬件配置上采用网络多用户方案，各硬件设备及其作用如下：

(1) 数据库服务器，负责应用系统的运行和数据库的运行和管理。

(2)IMS 服务器，负责空间地图数据的发布。

(3) 支持安全认证的路由器，负责身份认证和数据传输的加密 (视网络条件可作为可选设备)。

系统软件平台

(1) 操作系统：WINDOWS 2000+IIS5.0 以上。

(2) 数据库系统软件：SQL SERVER2000 以上。

(3) 空间地图数据发布软件：ARCIMS9.0 以上。

6 系统功能

系统功能结构图：

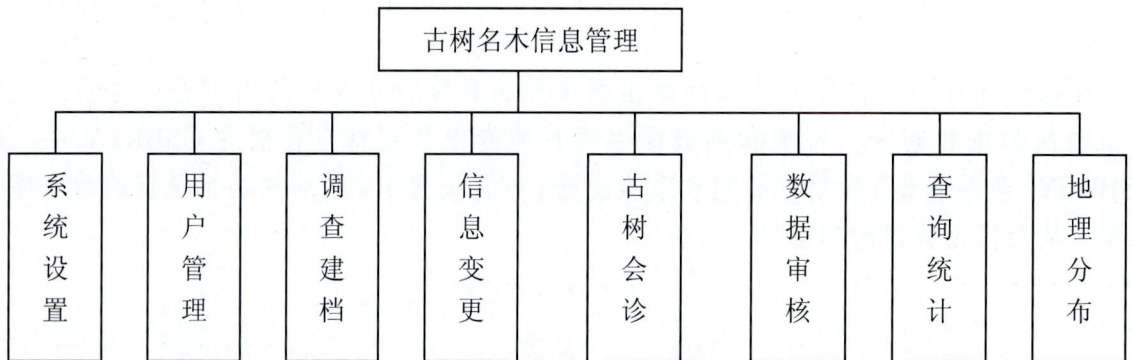

古树名木信息管理

系统设置	用户管理	调查建档	信息变更	古树会诊	数据审核	查询统计	地理分布

7 应用系统的软件结构及特点

(1) 方便系统扩充。考虑到将来系统的可扩充性、与其它系统的兼容性，本系统采用模块组件体系。系统的各个功能模块可以通过不同的用户权限和系统设置进行定制，使得系统的可扩充性和实用性增强。

(2) 易于系统升级维护。系统在使用过程中，提出新的需求，只需要对相应的部分进行开发完善而不会破坏原有的数据，保护用户数据资源。

(3) 便于系统开发管理。系统开发人员明确自己的工作目标和任务，不必过多地考虑其它部分的要求。

(4) 利于软件分发管理。系统升级或增加功能，只需要替换相应的程序，不必重新安装。

8. 运行环境与部署

(1) 运行环境

服务器硬件最低配置：CPU：PIII 450MHZ；内存：256MB；显卡：8MB 以上的 PCI 或 AGP 显卡；硬盘空间：10GB；普通网卡。

服务器软件：操作系统：Win2000server/Win2003server；虚拟服务 IIS：5.0 或 6.0；Vs.net 运行框架：Microsoft .NET Framework 1.1 或 Microsoft .NET Framework 2.0；数据库：Sqlserver2000 或 Sqlserver2005。

客户端硬件最低配置：CPU：Intel MMX 233MHZ；内存：128MB；显卡：8MB 以上的 PCI 或 AGP 显卡；硬盘空间：1.5GB；普通网卡。

客户端软件：操作系统：Win98/Win200/WinXp/Win2003。 浏览器：IE5.5 或更高版本。

(2) 部署

软件只需要部署到服务器上，所以这里介绍的部署是针对服务器的。

部署前提：操作系统 (Win2000server/Win2003server) 安装完成，数据库 (Sqlserver2000 或 Sqlserver2005) 安装完成。

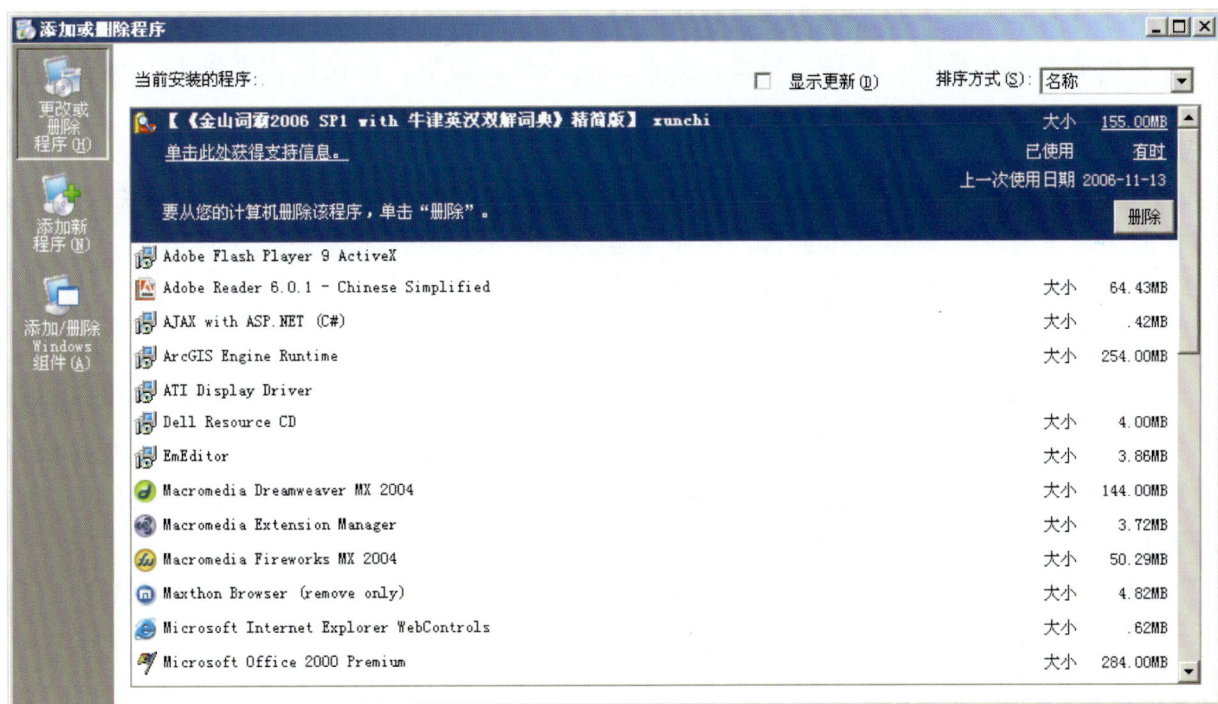

北京市古树名木保护复壮技术规程

(DB11/T632-2009)

(2009 年 2 月 6 日北京市质量技术监督局发布，2009 年 5 月 1 日实施)

前言

为了指导、规范针对生长衰弱、濒危古树名木所采取的保护复壮措施，使之更科学、有效，根据北京市人民政府《北京市古树名木保护管理条例》的有关规定，结合我市实际，制定古树名木保护复壮技术规程。

本标准附录 A 为规范性附录。

本标准由北京市园林绿化局提出。

本标准由北京市农业标准化技术委员会归口。

本标准起草单位：北京市林业科技推广站。

本标准主要起草人：施海、郑波、张萍、王连军、彭华、张俊民、尹俊杰、杨在兰。

1 范围

本标准规定了古树名木在进行保护复壮时的总则要求和生长环境改良、有害生物防治、树体防腐填充修补、树体支撑加固、枝条整理、围栏保护的技术要求。

本标准适用于北京市行政区域内古树名木的保护复壮。

2 规范性引用文件

下列文件中的条款通过本标准的引用而成为本标准的条款。凡是注日期的引用文件，其随后所有的修改单（不包括勘误的内容）或修订版均不适用于本标准，然而，鼓励根据本标准达成协议的各方研究是否可使用这些文件的最新版本。凡是不注日期的引用文件，其最新版本适用于本标准。

DB11/T 478—2007 古树名木评价标准

3 术语和定义

下列术语和定义适用于本标准。

3.1

古树 ancient woody plants

指树龄在 100 年以上的树木。

3.2

名木 famous woody plants

指珍贵、稀有树木和具有重要历史价值、纪念意义的树木。

3.3

树冠投影 crown projection

树冠所覆盖的地面面积，按树冠最外周圆的垂直投影而定其周界。

3.4

复壮 rejuvenation

对生长衰弱、濒危古树名木通过改善其生长环境条件，促进其生长，以达到增强树势的技术措施。

3.5

硬支撑 solid propping

是指从地面至古树斜体支撑点用硬质柱体支撑的方法。

3.6

拉纤 branch-towing

是指在主干或大侧枝上选择一牵引点，在附着体上选择另一牵引点，两点之间用弹性材料牵引的方法。

4 总则

4.1 衰弱、濒危古树名木在复壮前，应根据其生长状况和生长环境从以下三方面进行综合诊断分析，查明原因：

a) 分析地上、地下环境中是否有妨碍古树名木正常生长的因子。

b) 分析、检测根区土壤板结、干旱、水涝、营养状况及污染等情况。

c) 查阅档案，了解以往的管护情况和生长状况。

4.2 综合现场诊断和测试分析结果，制定具体的保护复壮方案。

4.3 保护复壮方案应经专家组论证同意后，方可实施。

4.4 保护复壮工程应由具有专业资质的单位进行施工。

4.5 保护复壮工程完成后，应由相关主管部门组织专家进行验收。

4.6 管护责任单位（人）要定期检查，建立古树名木保护复壮技术档案。

5 生长环境改良

5.1 地上环境改良

5.1.1 古树名木地上环境改良应达到 DB11/T 478—2007 中第 6.1 条的规定。

5.1.2 按照古树名木保护管理条例规定，拆除古树名木周边影响其正常生长的违章建筑和设施；属于历史遗留影响古树名木生长的建筑物和构筑物在改造时应为古树名木留足保护范围。

5.1.3 伐除古树名木周围对其生长有不良影响的植物，修剪影响古树名木光照的周边树木枝条。可选择种植有益古树名木生长的植物。

5.1.4 有树堰的古树名木，可根据环境铺设不同形式的树堰覆盖物，防止践踏。

5.1.5 古树名木周围铺装地面应采用透气铺装，并留出至少 3m×3m 的树堰。具体技术按附录 A.1.2.2 的规定执行。

5.1.6 周围没有避雷装置的古树名木，应安装避雷装置。

5.1.7 生长于平地的古树名木，裸露地表的根应加以保护，防止践踏；生长于坡地且树根周围出现水土流失的古树名木，应砌石墙护坡，填土护根。护墙高度、长度及走向据地势而定；生长于河道、水系边的古树名木，应据周边环境用石驳、木桩等进行护岸加固，保护根系。

5.1.8 主干被深埋的古树，应分期进行人工清除堆土，露出根茎结合部。

5.2 地下环境改良

5.2.1 古树名木地下环境改良应达到 DB11/T 478—2007 中第 6.1 条的规定。

5.2.2 土壤密实板结，通气不良，可采取挖复壮沟等土壤改良技术，结合土壤通气措施，改善土壤理化性质。单株古树可挖 4～6 条复壮沟，群株古树可在古树之间设置 2～3 条复壮沟。复壮沟可与通气管(井)相连接，大小和形状因环境而定，也可根据情况单独竖向埋设通气管。具体技术按附录 A.1 的规定执行。

5.2.3 土壤干旱缺水，应及时进行根部缓流浇水，浇足浇透，不得使用喷灌，不得使用再生水；当土壤含水量大，影响根系正常生长时，则应采取措施排涝。

5.2.4 土壤被污染时，应根据污染物不同采取相应措施加以改造，清除污染源。必要时可换当地熟土，并补充复壮基质。

5.2.5 依据土壤肥力状况和古树名木生长需要，适量施肥，平衡土壤中矿质营养，可结合复壮沟和地面打孔、挖穴等技术进行。根施肥料应经过充分腐熟。

5.2.6 地面有通透性差的硬铺装，应拆除吸收根分布区的铺装。同时可结合复壮沟或地面打孔、挖穴等技术改良土壤。

6 有害生物防治

6.1 根据古树名木周围环境特点，加强有害生物日常监测。具体技术按附录 A.2 规定执行。

6.2 根据古树名木树种、生长状况确定有害生物防治的重点对象。

6.3 提倡以生物防治、物理防治为主的无公害防治方法。

7 树体防腐、填充、修补

7.1 古树名木树体皮层或木质部腐朽腐烂，造成主干、枝干形成空洞或轮廓缺失，应首先进行防腐处理并结合景观进行填充修补。具体技术按附录 A.3 的规定执行。

7.2 树体防腐、填充、修补使用的材料应具有以下特点：

a) 安全可靠，绿色环保，对树体活组织无害。

b) 防腐材料防腐效果持久稳定。

c) 填充材料能充满树洞并与内壁紧密结合。外表的封堵修补材料包括仿真树皮，应具有防水性和抗冷、抗热稳定性，不开裂，防止雨水渗入。

7.1 对树体稳固性影响小的树洞可不作填充，有积水时可在适当位置设导流管（孔），使树液、雨水、凝结水等易于流出。

7.2 树洞太大或主干缺损太多，影响树体稳定，填充封堵前可做金属龙骨，加固树体。

7.3 树体填补施工宜在树木休眠期天气干燥时进行。

8 树体支撑、加固

8.1 树体明显倾斜或树冠大、枝叶密集、主枝中空、易遭风折的古树名木，可采用硬支撑、拉纤等方法进行支撑、加固；树体上有劈裂或树冠上有断裂隐患的大分枝可采用螺纹杆加固、铁箍加固等方法进行加固。具体技术按附录 A.4 的规定执行。

8.2 选用材料的规格应根据被支撑、加固树体枝干载荷大小而定，材料质量应合格。

8.3 支撑、加固设施与树体接触处加弹性垫层以保护树皮。

8.4 施工工艺应符合相关工程技术标准，安全可靠。

8.5 支撑、加固材料应经过防腐蚀保护处理。

9 枝条整理

9.1 应根据树种特性提前制定枝条整理方案，经专家论证同意后，选择合适时机实施。具体技术按附录 A.5 的规定执行。

9.2 及时整理有安全隐患的枯死枝、断枝、劈裂枝、病虫枝等。

9.3 能体现古树自然风貌、无安全隐患的枯枝应防腐处理后予以保留。

9.4 及时疏花疏果，减少树体养分消耗。

9.5 应力求创伤面最小，以利伤口愈合。伤口应及时保护处理，选择具有防腐、防病虫、有助愈合组织形成、对古树无害的伤口愈合敷料，并定期检查伤口愈合情况。

10 围栏保护

10.1 树冠下根系分布区易受踩踏、主干易受破坏的古树名木都应设置保护围栏。具体要求见附录 A.6。

10.2 围栏的式样应与古树名木的周边景观相协调。

10.3 围栏应安全、牢固。

附　录　A

（规范性附录）

古树名木保护复壮技术

A.1　地下环境改良技术

A.1.1　复壮沟土壤改良技术

A.1.1.1　复壮沟施工位置在树冠垂直投影外侧，以深80cm～100cm、宽60cm～80cm为宜，长度和形状因环境而定，常用弧状或放射状。

A.1.1.2　复壮沟内可根据土壤状况和树木特性添加复壮基质，补充营养元素。复壮基质常采用栎、槲等壳斗科树木的自然落叶，取60%腐熟落叶和40%半腐熟落叶混合而成，再掺加适量含N、P、Fe、Zn等矿质营养元素的肥料。复壮沟内也常根据情况添加适量的紫穗槐、苹果、杨树等健康枝条。

A.1.1.3　复壮沟的一端或中间常设渗水井，深1.2m～1.5m，直径1.2m，井内壁用砖垒砌而成，下部不用水泥勾缝。井口加铁盖。井比复壮沟深30cm～50cm。

A.1.2　土壤通气措施

A.1.2.1　埋设通气管：通气管可用直径10cm～15cm的硬塑料管打孔包棕做成，也可用外径15cm的塑笼式通气管外包无纺布做成，管高80cm～100cm，管口加带孔的铁盖。通气管常埋设在复壮沟的两端，从地表层到地下竖埋。也可以在树冠垂直投影外侧单独打孔竖向埋设通气管，通过通气管可给古树名木浇水灌肥。

A.1.2.2　通气透水铺装：以烧制的青砖和通气透水效果好的砖为宜。铺砖时应首先平整地形，注重排水，熟土上加砂垫层，砂垫层上铺设透气砖，砖缝用细砂填满，不得用水泥、石灰勾缝。

A.1.3　地面打孔、挖穴土壤改良技术

A.1.3.1　古树树冠下地面全是通透性差的硬铺装，没有树堰或者树堰很小时，应首先拆除古树吸收根分布区内地面硬铺装，在露出的原土面上均匀布点3～6个，钻孔或挖土穴。钻孔直径以10cm～12cm为宜，深以80cm～100cm为宜；土穴长、宽各以50cm～60cm为宜，深以80cm～100cm为宜。

A.1.3.2　孔内填满草炭土和腐熟有机肥；土穴内从底往上并铺二块中空透水砖，砖垒至略高于原土面，土穴内其它空处填入掺有有机质、腐熟有机肥的熟土，填至原土面。然后在整个原土面铺上合适厚度的掺草炭土湿沙并压实，最后直接铺透气砖并与周边硬铺装地面找平。

A.2 有害生物防治

A.2.1 叶部害虫的防治

A.2.1.1 常见种类

刺吸类（如蚜虫、叶螨、介壳虫、木虱、网蝽、叶蝉等）和食叶类害虫（如叶甲、尺蠖、刺蛾等）。

A.2.1.2 为害特点

刺吸植物组织汁液或取食叶片，可致树势衰弱。这类害虫大多初期不易发现，有隐蔽性，易暴发。

A.2.1.3 识别方法

看叶片有无卷曲、结网，叶色有无失绿变黄或黄色斑点，看树下地面有无非正常落叶、有无油点（害虫分泌物）等。看古树叶片有无咬食缺刻、虫眼，叶面有无缺绿潜斑，有无拉网结丝，有无只剩叶脉的叶片，地下有无虫粪等。

A.2.1.4 防治方法

为害期喷药防治，使用低毒无公害农药，如：爱福丁、吡虫啉、高渗苯氧威、好螨星等。幼虫期喷药防治，如灭幼脲、除虫菊、高渗苯氧威等。成虫期灯光诱杀、性信息素诱杀等。

A.2.2 蛀干害虫的防治

A.2.2.1 常见种类

鞘翅目（天牛、小蠹、象甲、吉丁虫等）、鳞翅目（木蠹蛾、小卷蛾、松梢螟、透翅蛾等）、膜翅目（树蜂）等。

A.2.2.2 为害特点

咬食枝梢嫩皮，钻蛀古树干、枝、皮层，破坏输导组织，可直接致古树整株死亡。

A.2.2.3 识别方法

看树冠上有无枯死嫩枝新梢，树枝上有无虫瘿，主干树皮有无虫孔、木屑、流胶，地下有无落枝落叶、虫粪木屑，敲击主干有无空洞声等。

A.2.2.4 防治方法

防治重点在成虫期，可人工捕杀、饵木诱杀、磷化铝或硫酰氟熏蒸、注射等。幼虫期防治可释放蒲螨、肿腿蜂等。

A.2.3 地下害虫的防治

A.2.3.1 常见种类

鞘翅目（芫天牛、金龟子等）、鳞翅目（地老虎）、直翅目（蝼蛄等）等。

A.2.3.2 为害特点

以幼虫在地下土壤里咬食古树根皮和木质部，破坏根的输导组织，可致根系死亡，造成地上部分整株衰弱或死亡。该类害虫常不易被发现。

A.2.3.3 识别方法

看树冠叶片有无整体萎黄或者枯死，浅层根系有无被啃食等。在芫天牛产卵期检查主干 2m 下树皮上有无块状浅黄绿色卵块。

A.2.3.4　防治方法

防治重点在成虫期，灯光诱杀成虫，幼虫期根部灌药，如高渗苯氧威 3000 倍等。

A.2.4　叶部病害的防治

A.2.4.1　常见病害

叶斑病、叶枯病、锈病、白粉病、松落针病等。

A.2.4.2　为害特点

病原物主要为真菌等，常为害古树名木的叶部。

A.2.4.3　识别方法

查看叶片上有无病斑、锈斑、白粉层等。

A.2.4.4　防治方法

发病初期可喷石硫合剂等进行预防，发病期内可选用多菌灵、甲基托布津、扑海因、粉锈宁等杀菌剂喷药防治。

A.2.5　枝干病害的防治

A.2.5.1　常见病害

腐烂病、枣疯病、松枯梢病、木腐病等。

A.2.5.2　为害特点

病原物主要为真菌、细菌、植原体，常为害嫩梢、枝、干等部位。

A.2.5.3　识别方法

查看枝干有无丛枝，主干、枝干皮层有无腐烂的病斑，有无枯死嫩梢，主干木质部边材或心材有无腐烂，主干上有无马蹄形子实体等。

A.2.5.4　防治方法

腐烂病、松枯梢病、木腐病等常在 3 月下旬采取树干涂抹石硫合剂或喷施波尔多液进行预防，石硫合剂和波尔多液在同一株树上使用，应间隔 15d～20d。发病期内可多次选用百菌清、甲基托布津、扑海因等杀菌剂喷药防治。枣疯病常采取人工剪除病枝和灌根、枝干注射药物等方法进行防治。

A.2.6　根部病害的防治

A.2.6.1　常见病害

烂根病等。

A.2.6.2　为害特点

病原物主要为真菌、细菌，常为害营养根、侧根的根皮部位。

A.2.6.3　识别方法

查看全株枝叶是否变黄、枯萎，树干基部树皮有无腐烂开裂或树脂凝块，根部皮层有无腐烂变黑、易剥落等。

A.2.6.4　防治方法

可根据发病情况适量挖除病根，发病期内使用立枯灵等杀菌剂浇灌根区土壤。

A.3 树体防腐、填充、修补技术

A.3.1 防腐

首先进行清腐处理,清除腐朽的木质碎末等杂物,然后喷施防腐消毒剂,如防腐效果好、绿色环保的季铵铜(ACQ)水溶性防腐剂。

A.3.2 填充、修补

A.3.2.1 清理、消毒

清理填充修补部位的朽木,边缘也做相应清理以利封堵;裸露的木质层用5%季铵铜(ACQ)溶液或与杀菌剂混合喷雾两遍,防腐消毒,杀虫杀菌。

A.3.2.2 填充

填充部位的表面经消毒风干后,可填充聚氨酯。填充体积较大时,常先填充经消毒、干燥处理的同类树种木条,木条间隙再填充聚氨酯。若缺失形成的空洞太大,影响树体稳定,可先用钢筋做稳固支撑龙骨,外罩铁丝网造形,再填充。

A.3.2.3 封堵

填充好的外表面,随树形用利刀削平整,然后在聚氨酯的表面喷一层阻燃剂。留出与树体表皮适当距离,罩铁丝网,外再贴一层无纺布,在上面涂抹硅胶或玻璃胶,厚度不小于2cm至树皮形成层,封口外面要平整严实,洞口边缘也作相应处理,用环氧树脂、紫胶脂或蜂胶等进行封缝。

A.3.2.4 仿真处理

封堵完成后,最外层可做仿真树皮处理。

A.4 树体支撑、加固技术

A.4.1 支撑

A.4.1.1 硬支撑

A.4.1.1.1 材料

钢管、钢板、杉篙、橡胶垫、防锈漆等可满足安全支撑要求的材料。

A.4.1.1.2 安装

A.4.1.1.2.1 在要支撑的树干、枝上及地面选择受力稳固、支撑效果最好的点作为支撑点。

A.4.1.1.2.2 支柱安装

支柱顶端的托板与树体支撑点接触面要大,托板和树皮间垫有弹性的橡胶垫,支柱下端埋入地下水泥浇筑的基座里,基座要确保稳固安全。

A.4.1.2 拉纤

A.4.1.2.1 材料

钢管、铁箍、钢丝绳、螺栓、螺母、紧线器、弹簧、橡胶垫、防锈漆等。

A.4.1.2.2 安装

A.4.1.2.2.1 硬拉纤常使用2寸钢管(规格:直径约6cm,壁厚约3mm),两端压扁并

打孔套丝口。铁箍常用宽约 12cm、厚约 0.5cm ～ 1cm 的扁钢制作，对接处打孔套丝口。钢管和铁箍外先涂防锈漆，再涂色漆。安装时将钢管的两端与铁箍对接处插在一起，插上螺栓固定，铁箍与树皮间加橡胶垫。

A.4.1.2.2.2　软拉纤常用直径 8mm ～ 12mm 的钢丝，在被拉树枝或主干的重心以上选准牵引点，钢丝通过铁箍或者螺纹杆与被拉树体连接，并加橡胶垫固定，系上钢丝绳，安装紧线器与另一端附着体套上。通过紧线器调节钢丝绳松紧度，使被拉树枝（干）可在一定范围内摇动。以后随着古树名木的生长，要适当调节铁箍大小和钢丝松紧度。

A.4.2　加固

A.4.2.1　拉纤加固

所用材料和安装方法同附录 A.4.1.2 的规定。

A.4.2.2　螺纹杆加固

螺纹杆直径多为 10mm ～ 20mm。树体劈裂处打孔，螺纹杆穿过树体，两头垫胶圈，拧紧镙母，将树木裂缝封闭伤口要消毒，并涂抹保护剂。

A.4.2.3　铁箍加固

在树体劈裂处打铁箍，铁箍下垫橡胶垫。

A.5　枝条整理

A.5.1　整理时期

常绿树枝条整理通常在休眠期进行；落叶树枝条整理通常在落叶后与新梢萌动之前进行；易伤流、易流胶的树种枝条整理应避开生长季和落叶后伤流盛期；有安全隐患的枯死枝、断枝、劈裂枝应在发现时及时整理。

A.5.2　操作要求

A.5.2.1　通常采用"三锯下枝法"，在被整理枝条预定切口以外 30cm 处，第一锯先锯"向地面"做背口，第二锯再锯"背地面"锯掉树枝，第三锯再根据枝干大小在皮脊前锯掉，留 1cm ～ 5cm 的橛。整理时不要伤及古树干皮，锯口断面平滑，不劈裂，利于排水。锯口直径超过 5cm 时，应使锯口的上下延伸面呈椭圆形，以便伤口更好愈合。

A.5.2.2　断枝、劈裂枝整理：折断残留的枝权上若尚有活枝，应在距断口 2cm ～ 3cm 处修剪；若无活枝，直径 5cm 以下的枝权则尽量靠近主干或枝干修剪，直径 5cm 以上的枝权则在保留树型的基础上在伤口附近适当处理。

A.5.2.3　创伤面保护处理：所有锯口、劈裂撕裂伤口须首先均匀涂抹消毒剂，如 5% 硫酸铜、季铵铜消毒液等。消毒剂风干后再均匀涂抹伤口保护剂或愈合敷料，如羊毛脂混合物等。

A.6　围栏保护

A.6.1　围栏与树干的距离应不小于 3m。特殊立地条件无法达到 3m 的，以人摸不到树干为最低要求。

A.6.2　围栏地面高度通常 1.2m 以上。

北京市古树名木评价标准
(DB11/T 478-2007)

(2007年7月12日由北京市园林绿化局制定、北京市质量技术监督局发布，2007年9月1日实施)

前言

为了科学确定北京市范围内的古树名木，加强古树名木的管理和保护，根据国家建设部《城市古树名木保护管理办法》及北京市人民政府《北京市古树名木保护管理条例》的有关规定，结合北京市实际，制定古树名木评价标准。

1 范围

本标准规定了古树名木的定义和确认分级、生长势分级、生长环境分级及价值评价和损失评价。

本标准适用于北京市行政区域内古树名木的评价。

2 规范性引用文件

下列文件中的条款通过本标准的引用而成为本标准的条款。凡是注日期的引用文件，其随后所有的修改单（不包括勘误的内容）或修订版均不适用于本标准，然而，鼓励根据本标准达成协议的各方研究是否可使用这些文件的最新版本。凡是不注日期的引用文件，其最新版本适用于本标准。

DB11/T 211-2003 城市园林绿化用植物材料木本苗

3 术语和定义

下列术语和定义适用于本标准。

3.1 古树

指树龄在100年以上的树木。

3.2 名木

指珍贵、稀有的树木和具有重要历史价值、纪念意义的树木。

3.3 生长势

树木生长的强弱状况，表现在新梢的粗度和长度、树冠整齐度、叶片色泽、分枝的繁茂程度等。

3.4 新梢年生长量

指在一个生长季内树木抽生的枝梢生长的长度。

3.5 树冠

树木上部承载主枝系统和树叶的部分。

3.6 树冠投影

树冠所覆盖的地面面积，按树冠最外周圆的垂直投影而定其周界。

3.7 胸径

树木根颈以上离地面 1.3 米处的主干带皮直径。

3.8 地径

树木根颈部位的直径，常指土迹处树木的带皮直径。

3.9 土壤容重

单位体积的土壤 (包括孔隙度在内) 烘干后的重量，单位 g/cm^3。

3.10 土壤自然含水率

指土壤水分含量占烘干土壤重量的百分比。

4 古树名木确认分级

4.1 古树的确认、分级

古树的确认和分级以树龄为依据，暂不能确定树龄的，按树木胸径确认并分级 (见附录 A)。普遍种植以采果为目的的经济树种和无突出历史、文化价值的速生杨属柳属树种不确认为古树。

4.1.1 一级古树

树龄在 300 年 (含 300 年) 以上的树木。

4.1.2 二级古树

树龄在 100 年 (含 100 年) 以上 300 年以下的树木。

4.2 名木确认

4.2.1 由国家元首、政府首脑、有重大国际影响的知名人士和团体栽植或题咏过的树木。

4.2.2 在北京地区珍贵、稀有的树木。

5 古树名木生长势分级

5.1 常绿树种

5.1.1 生长正常

5.1.1.1 新梢数量多，平均年生长量 5cm 以上，无枯枝枯梢，干皮完好。

5.1.1.2 叶片宿存年数 3~5 年达 80% 以上，叶色正常，黄焦叶量 5% 以下。当年生针叶平均长度油松 ≥10cm，白皮松 ≥7cm。

5.1.1.3 结果枝条累计 20% 以下，主干、主枝无病虫害为害状。

5.1.2 生长衰弱

5.1.2.1 新梢数量少，平均年生长量低于 5cm。无或有枯枝枯梢，干皮完好或有损伤。

5.1.2.2 叶片宿存年数 1~3 年达 50% 左右，黄焦叶量达 30% 以下。当年生针叶平均长度油松 ≥8cm，白皮松 ≥3cm。

5.1.2.3 结果枝条累计 20%~80%，主干、主枝有轻微病虫害为害状。

5.1.3 生长濒危

5.1.3.1 新梢数量很少，平均年生长量低于 2cm。枯枝枯梢多，干皮有损伤。

5.1.3.2 叶片宿存年数 1~2 年达 20% 左右，叶片枯黄稀疏，黄焦叶片量 70% 以上。当年生针叶平均长度油松 ≥5cm，白皮松 ≥2cm。

5.1.3.3 结果枝条累计 80% 以上，主干、主枝有明显病虫害为害状。

5.1.4 生长死亡

5.1.4.1 叶片枯黄或脱落。

5.1.4.2 主干主枝全部枯死。

5.2 落叶树种

5.2.1 生长正常

5.2.1.1 生长期内新梢平均生长量达到该树种的平均生长量。

5.2.1.2 正常叶片保存率在 90% 以上。

5.2.1.3 无或有少量枯枝枯梢，主干、主枝无病虫害为害状。

5.2.2 生长衰弱

5.2.2.1 生长期内新梢平均生长量低于该树种的平均生长量。

5.2.2.2 正常叶片保存率在 90% 以下。

5.2.2.3 有部分枯枝枯梢，主干、主枝有轻微病虫害为害状。

5.2.3 生长濒危

5.2.3.1 生长期内新梢生长不明显。

5.2.3.2 正常叶片保存率在 50% 以下。

5.2.3.3 枯枝枯梢多，主干、主枝有明显病虫害为害状。

5.2.4 生长死亡

5.2.4.1 生长期内叶片枯黄或脱落。

5.2.4.2 主干主枝全部枯死。

6 古树名木生长环境分级

6.1 生长环境良好

6.1.1 古树名木树冠投影及外延 3m 范围内的地上地下无任何永久或临时性的建筑物、构筑物以及道路、管网等市政设施，无动用明火、排放废水废气或堆放、倾倒杂物、有毒有害物品等。

6.1.2 根系土壤无污染。

6.1.3 根系土壤容重在 $1.4g/cm^3$ 以下。

6.1.4 根系土壤自然含水率在 14%~19% 之间。

6.1.5 根系土壤有机质含量 1.5% 以上。

6.1.6 山坡古树地面无水土流失和根系裸露现象。

6.2 生长环境差

6.2.1 古树名木树冠投影及外延 3m 范围内的地上地下有永久或临时性的建筑物、构筑物以及道路、管网等市政设施，或有动用明火、排放废水废气或堆放、倾倒杂物、有毒、有害物品等。

6.2.2 根系土壤有污染。

6.2.3 根系土壤容重在 1.4g/cm^3 以上。

6.2.4 根系土壤自然含水率 14% 以下或 20% 以上。

6.2.5 根系土壤有机质含量 1.5% 以下。

6.2.6 山坡古树地面水土流失，部分根系裸露。

7 古树名木价值评价

7.1 评价指标

古树名木的价值评价指标主要包括古树名木自身的基本价值、生长势调整系数、树木级别调整系数、树木生长场所调整系数以及养护管理实际投入。

7.1.1 古树名木的基本价值

根据古树名木的树种类别，用同类主要规格苗木胸径处横截面积的每平方厘米单价乘以古树名木胸径或地径处的横截面积 (cm^2)，再乘以古树名木的价值系数，即得出该古树名木的基本价值，也称之为古树名木的树种价值。

7.1.1.1 同类主要规格苗木胸径处横截面积的每平方厘米单价的确定。

7.1.1.1.1 落叶类苗木依据 DB11/T 211 中主要规格质量标准，首先确定苗木的主要胸径规格，再参照北京市建设工程材料预算价格（苗木）中该胸径苗木的预算价格直接计算确定。

7.1.1.1.2 常绿类苗木依据 DB11/T 211 中主要规格质量标准，首先确定苗木的主要树高规格，再参照北京市建设工程材料预算价格（苗木）中该树高苗木的预算价格，按照表一中测定的平均胸径计算确定。

表一 主要树高规格的常绿类苗木平均胸径

树　种	侧柏	桧柏	龙柏	油松	白皮松	云杉	雪松
主要树高规格（m）	3-3.5	4-5	2.5-3	4-5	3-3.5	2-2.5	4-5
平均胸径（cm）	5.5	6.4	4.2	11.4	6.6	4.4	8.1

7.1.1.2 古树名木因故地上主干部分断损缺失，在评价基本价值时以地径处的横截面积计算。

7.1.1.3 胸径处畸形的树木，在确定其胸径时可在胸高上下距离相等而形状正常处测两个直径，取其平均值。

7.1.1.4 古树名木胸径处以下分枝或从基部萌生出幼树的，其胸径或地径为各主枝或各萌生幼树与主干胸径或地径之和。

7.1.1.5 常见古树价值系数见附录 A。

7.1.1.6 名木价值系数为 20。

7.1.2 生长势调整系数

生长势调整系数指根据古树名木生长势的等级进行古树名木价值调整的系数。

生长正常的古树名木调整系数为 1，生长衰弱的古树名木调整系数为 0.8，生长濒危的古树名木调整系数为 0.6，生长死亡的古树名木调整系数为 0.2。

7.1.3 树木级别调整系数

树木级别调整系数指根据古树名木的级别进行古树名木价值调整的系数。

一级古树调整系数为 2，二级古树调整系数为 1，名木调整系数为 2~4，具有特殊历史价值和特别珍贵的古树名木调整系数为 3~4。

7.1.4 树木生长场所调整系数

树木生长场所调整系数指根据古树名木生长所处的位置进行古树名木价值调整的系数。

生长场所调整系数分别为：远郊野外 1.5，乡村街道 2.0，区县城区 3.0，市区范围 4.0，自然保护区、风景名胜区、森林公园、历史文化街区及历史名园 5.0。

7.1.5 养护管理实际投入

自 1998 年 8 月 1 日《北京市古树名木保护管理条例》开始执行起，累计计算总投入。

7.2 古树名木价值

古树名木价值＝古树名木的基本价值 × 生长势调整系数 × 树木级别调整系数 × 树木生长场所调整系数＋养护管理实际投入。

8 古树名木损失评价

古树名木的损失评价指标包括全部损失、局部损失。

8.1 全部损失的界定

8.1.1 古树名木的树干皮层损伤部分超过树干周长 50% 的，视为全部损失。

8.1.2 古树名木受伤根系超过全部根系 40% 以上的，视为全部损失。

8.1.3 古树名木的主枝损伤部分超过树冠 50% 的，视为全部损失。

8.1.4 古树名木死亡的，视为全部损失。

8.2 局部损失的界定

局部损失主要指古树名木的局部损伤，主要发生在根部、树干、树冠主枝。根据局部损失的程度，确定古树名木价值降低的比例。具体对照标准见表二。

各局部损失价值降低比例之和最高上限为 100%。

表二　古树名木局部损失程度与价值降低比例对照表

受伤树干皮层占树干周长的百分数(%)	价值降低比例（%）	受伤根系占全部根系的百分数(%)	价值降低比例（%）	主枝损伤占树冠的百分数(%)	价值降低比例（%）
20 以下	20	20 以下	30	20 以下	20
21—30	40	21—30	40	21—30	40
31—40	80	31—35	80	31—40	80
41—50	90	36—40	90	41—50	90
50 以上	100	40 以上	100	50 以上	100

附　录
（规范性附录）
常见古树按胸径确认、分级及价值系数

表 A.1　常见古树按胸径确认、分级及价值系数表

种类		树种	胸径（主蔓径）≥cm	分级级别	胸径（主蔓径）≥cm	分级级别	价值系数
常绿树	柏科	侧柏	60	一级	30	二级	20
		桧柏	60	一级	30	二级	20
		龙柏	60	一级	30	二级	20
	松科	油松	70	一级	40	二级	20
		白皮松	60	一级	30	二级	20
		云杉	60	一级	30	二级	20
		雪松	100	一级	50	二级	20
落叶树	银杏科	银杏	100	一级	50	二级	20
	无患子科	栾树	100	一级	50	二级	17
		文冠果	60	一级	35	二级	18
	槭树科	元宝枫	90	一级	40	二级	18
		五角枫	90	一级	40	二级	18
	木兰科	白玉兰	70	一级	30	二级	19
		二乔玉兰	40	一级	20	二级	19
	卫矛科	丝棉木	100	一级	50	二级	18
		卫矛	80	一级	50	二级	18
	紫葳科	楸树	80	一级	40	二级	19
		黄金树	80	一级	40	二级	19
		梓树	80	一级	40	二级	19
	杜仲科	杜仲	80	一级	50	二级	19
	楝科	苦楝	80	一级	35	二级	18
	壳斗科	麻栎	100	一级	50	二级	18
		槲树（菠萝叶）	100	一级	50	二级	18
		槲栎	100	一级	50	二级	18
		蒙古栎	100	一级	50	二级	18
	胡桃科	核桃楸	100	一级	50	二级	18
	鼠李科	枣树	90	一级	40	二级	18
		酸枣	60	一级	40	二级	19
		龙爪枣	70	一级	40	二级	19
	榆科	小叶朴	60	一级	40	二级	18
		朴树	90	一级	40	二级	18
		榆树	100	一级	50	二级	15
		青檀	80	一级	40	二级	18

表 A.1（续）

种类	树种	胸径（主蔓径）≥cm	分级级别	胸径（主蔓径）≥cm	分级级别	价值系数
椴树科	小叶椴（蒙椴）	80	一级	40	二级	18
	大叶椴（糠椴）	80	一级	40	二级	18
七叶树科	七叶树	90	一级	50	二级	19
蔷薇科	杜梨	80	一级	40	二级	18
	海棠	80	一级	35	二级	18
	西府海棠	80	一级	40	二级	18
柿树科	黑枣	90	一级	50	二级	18
豆科	国槐	100	一级	60	二级	16
	龙爪槐	80	一级	50	二级	16
	紫藤	20	一级	10	二级	18
	蝴蝶槐	80	一级	50	二级	18
	皂角（皂荚）	100	一级	50	二级	18
杉科	水杉	100	一级	40	二级	18
桑科	桑树	100	一级	50	二级	15
	构树	100	一级	50	二级	15
漆树科	漆树	100	一级	50	二级	18
	黄连木	90	一级	50	二级	18
木犀科	流苏树	70	一级	30	二级	19
	丁香	70	一级	30	二级	18
	水曲柳	100	一级	60	二级	18
芸香科	黄檗(黄波罗)	90	一级	40	二级	18
苦木科	臭椿（椿树）	100	一级	60	二级	15
梧桐科	梧桐（青桐）	100	一级	60	二级	16

天津市古树名木保护与复壮技术规程
(DB29-92-2004)

(天津市建设管理委员会下达编写任务，天津市园林绿化管理局制定，2004年11月1日施行)

前言

古树名木是大自然留下的宝贵财富和活的文物。为保护我市古树名木健康生长，规范我市古树名木的养护和复壮，2004年天津市建设管理委员会下达了编写《天津市古树名木保护与复壮技术规程》的任务，天津市园林管理局组织相关部门进行了编写。

由于各地区古树名木树种、保护措施、研究水平存在较大差异，在国内尚没有类似规程供参照。在编写过程中，我们充分调查分析了我市古树名木资源分布、生长现状及养护管理情况，同时系统总结了近几年我市古树名木保护研究成果，并借鉴了北京、邹城、泰安、太原等城市古树名木保护的经验和成果，编写出初稿。就初稿请有关专家进行了座谈、征求意见，完成了本规程的送审稿，最后由天津市建设管理委员会组织了专家审定会，在充分采纳专家意见后，最终定稿。

本规程包括六章、附录A、附录B和条文说明。主要内容有：总则、术语、一般规定、保护与日常养护、健康诊断、复壮、附录A.用词说明、附录B.天津市主要古树名木树种名录。

本规程在执行过程中，请各单位注意总结经验和积累资料，如需修改和补充建议请与天津市园林管理局科技处联系(天津市南开区水上公园路44号)，以便今后修订时参考。

主编单位：天津市园林管理局

主要起草人：王和祥 陈小奎 李宝辰 焦春宝 刘泽良 许连富

1 总则

1.1 为保护好我市古树名木，科学规范古树名木保护和复壮技术措施，制定本规程。

1.2 本规程适用于我市市域范围内古树名木，其它需要特殊保护和复壮的树木可参照执行。

1.3 本规程的制定参照了《城市绿化条例》(国务院令第100号)、建设部《城市古树名木保护管理办法》(建城[2000]192号)、《天津市城市绿化条例》、《天津古树名木保护管理办法》(2004年市人民政府第38号令)和《天津城市绿化养护技术规程》(DB-26-67-2004)。

1.4 古树名木保护除应执行本规程外，尚应符合国家现行的有关标准。

2 术语

2.1 古树　Ancient woody plant
树龄在 100 年以上的树木。

2.2 名木　Famous woody plant
树种珍贵稀有、树形奇特，具有历史价值和纪念意义的树木。

2.3 古树群　Ancient tree population
10 株以上集中分布的或有一定群落组成关系的古树群体。

2.4 古树名木复壮　Ancient and famous woody plant rejuvenation
对古树衰弱及濒危的古树名木所进行的改善生长环境条件，促进生长，以达到恢复树势的措施。

2.5 复壮基质　Rejuvenated medium
根据古树名木立地条件，人工配制的特殊栽种介质，具有促进古树生长的作用。

2.6 树冠投影　Projection of a tree's crown
树冠枝叶外缘向地面垂直投影后形成的影区。

2.7 根系分布区　Disteributing district of tree roots
树木根系在水平和垂直方向伸展形成的区域。

2.8 土壤矿质营养元素平衡　Balance of nutritional element
根系分布区域的土壤中，各种矿质元素含量的平衡关系，维持和调节营养元素平衡，是使土壤中不发生元素缺失或元素过量。

3 一般规定

3.1 保护古树名木所在地原有的生态环境，并明确划出保护范围。

3.2 古树名木必须挂牌保护。树龄在 300 年以上的古树名木定为一级，树龄在 100 年至 300 年之间的古树定为二级。一级古树用红牌"Axxxx"表示，二级古树和名木用绿牌"Bxxxx"表示。

3.3 古树名木必须设立专项档案，专树专管。

3.4 古树名木不得迁移，严禁砍伐。

3.5 严禁在松、柏类古树名木下铺设人工草坪。

4 保护与日常养护

4.1 立地条件

4.1.1 古树名木生长的土壤应疏松、透气性好，有效孔隙度在 10% 以上，容重在 1.35%cm³ 以下，pH 值在 6.5~7.5 之间，含盐量在 0.3% 以下。土壤立地条件发生改变，不适合古树名木生长的，应采取土壤改良措施。

4.1.2 古树名木生长的土壤含水量应在 7%~20% 之间。如含水量过高，应做排水处理，含水量过低，应适量灌溉。

4.1.3 距树干5m范围内不得采用硬铺装，如确需铺装，应采用适当透气铺装材料。

4.1.4 古树名木根系区域应适时进行中耕锄草，并保护其周围的有益植被。

4.2 浇水与排水

4.2.1 每年必须浇足返青水和冻水。干旱的年份，春、夏两季旱时也要补水。无铺装情况下，浇水面积不小于树冠垂直投影面积，浇水要浇足浇透。

4.2.2 冬季可将自然降雪堆在树下。严禁用含盐雪、融雪盐水侵浸树根。

4.2.3 避免园林绿地浇水对古树产生的不良影响。

4.2.4 古树名木生境地势低洼、地下水位高、土壤粘重、土壤含水量高时，必须设渗水井或铺设盲管等有效的排水设施，及时排除根部积水。

4.3 施肥及营养元素平衡

4.3.1 施肥前应先进行土壤理化性质和叶样分析。根据分析结果，调节土壤中的营养元素平衡。

4.3.2 施肥应以有机肥为主，无机肥为辅，有机肥必须充分腐熟，也可根据土壤检测结果配制古树专用肥。

4.3.3 施肥应在吸收根密集分布区域内进行。

4.3.4 古树名木可每年施肥一次，施肥位置应轮换。施用有机肥以土壤解冻后树木萌芽前的早春或落叶后的晚秋为宜。

4.3.5 施肥量应根据树种、树木生长势、土壤状况而定。

4.4 病虫害防治

4.4.1 防治病虫害应遵循"预防为主，综合防治"的方针。

4.4.2 充分利用生物防治方法，积极保护和利用鸟类、昆虫等天敌防治虫害。药物防治应以无、低毒农药为主。

4.4.3 加强病虫害的预测预报工作，对新发现的病虫害应做好调查、研究和控制，防止病虫害对古树名木造成危害。

4.5 树体保护与支撑

4.5.1 严禁在古树名木上乱划乱刻或晒晾衣物；严禁在古树名木旁挖土、取石；严禁在古树名木周围搭建、堆废土垃圾和架线；不得向树根周围泼生活、工业污水。

4.5.2 古树名木应设围栏，保护树体和根系分布区土壤。

4.5.3 生长在高处、空旷地或树体高大的古树名木必须安设避雷装置。

4.5.4 严禁机械损伤古树名木。在古树名木附近施工时，应提前采取措施保护树体和根系。

4.5.5 凡树体不稳或树体倾斜的古树名木，必须采取加固措施或支撑。支撑部位要垫衬耐腐蚀性缓冲物，不得损伤树皮。

4.5.6 古树名木枝干悬索牵拉、腐朽树干的防腐固化、树体修饰与支撑应以保护为前提。

4.6 树洞修补

4.6.1 古树名木树体出现空洞应及时采取填充、修补等处理措施。

4.6.2 未修补或开敞式的树洞要注意防雨或排水，并及时清理树洞内的碎屑及杂物，避免火灾发生。

4.6.3 修补树洞应先刮除腐朽部分,刷涂 1：1：10 的波尔多液或 5% 硫酸铜溶液等防腐剂,做好防腐处理。

4.6.4 修补树洞的填充物应具有弹性,可用青灰封堵洞口,利用砖块、水泥填充时应注意填充物对土壤和树体产生的影响。如果树洞过大,宜用钢筋做支撑加固。

4.7 修剪

4.7.1 古树名木修剪应按规定履行报批手续,申报修剪。

4.7.2 古树名木修剪以去除枯死枝、促进树势生长为原则,严禁对树冠进行大幅度修剪。

4.7.3 修剪后应对剪口及时进行消毒和防腐处理。

5 健康诊断

5.1 凡属古树名木,必须建立树木档案,包括物候观测、年生长量测定、病虫害发生及时防治措施、土壤理化分析等。结合档案记录对古树名木进行跟踪管理。

5.2 古树名木适宜生长的环境：没有被人为破坏;无地上、地下污染;土壤质地、结构、肥力、有机质含量等指标良好;具有供水、排水条件和较好的小气候环境。

5.3 古树衰弱的标准：生长势减退,生长量少,有病虫害迹象,叶色灰暗,枝叶稀疏,小枝有干枯和枯梢现象。

5.4 古树濒危的标准：基本没有生长量,病虫害严重,树体严重损伤,叶色不正常,灰暗或黄化,树冠出现部分枯枝黄叶,叶片变短变小。

5.5 古树名木健康诊断应首先进行生长势判断和生长环境分析。借助分析仪器和检测手段,进行土壤营养元素分析、叶绿素分析。古树名木死亡需经专家组诊断,出具死亡证明,并查明原因,登记上报。

6 复壮

6.1 古树名木复壮工作要积极利用成功做法,吸收与利用新的研究成果和技术,并结合专家指导。

6.2 古树名木复壮应以科学诊断为基础。结合实际,总结经验,提高古树复壮的科技含量。

6.3 古树名木复壮应由具有相应技术资质的单位或有经验的单位施工。

6.4 古树名木复壮应在该项工作的施工技术方案获得批准后实施。

6.5 古树名木复壮措施。

6.5.1 阔叶类古树、古油松、古侧柏进行复壮可采用复壮沟技术。复壮沟应符合下列规定：
1. 挖复壮沟前应先确定古树根系分布区,并找到吸收根,在吸收根外侧挖复壮沟。

2. 复壮沟宜深 80cm~100cm，宽 80cm~100cm，长度和形状应根据地形、地势以及树木生长状况而定，填埋物为复壮基质及树枝。

3. 古树名木复壮基质宜采用松、栎树、槲树、杨树等的自然落叶，60% 的腐熟的落叶混合，并加入必要的营养素配制而成。

4. 复壮用的树枝宜分为二层，每层厚 10cm~20cm，可用紫槐、杨树等枝条，截成 40cm 长埋入地下。

5. 复壮沟应与通气管和渗水井相连，以利透气排水。

6.5.2 采用活力管复壮。在古树树冠的正投影外缘，均匀埋设"活力管"4~6 根。

6.5.3 古树生长地含盐量高或地下水位高，可利用埋盲管的方式降低地下水位和排盐。盲管应埋在树冠垂直投影外围和根系分布区下部，并与市政排水管井连接。

6.5.4 病虫害重危害树木生长的，应及时根治病虫害。

6.5.5 因营养缺失造成树势衰弱的，应及时补充缺失元素，调节营养元素平衡。

附录A 用词说明

1.为便于在执行本规程条文时区别对待，对于要求严格程度不同的用词说明如下：

(1)表示很严格，非这样做不可的：

正面词采用"必须"；反面词采用"严禁"。

(2)表示严格，在正常情况下均应这样做的：

正面词采用"应"；反面词采用"不应"或"不得"。

(3)表示允许稍有选择，在条件许可时，首先应这样做的：

正面词采用"宜"；反面词采用"不宜"。

表示有选择在一定条件下可以这样做的，采用"可"。

2.条文中指明应按其他有关标准执行的写法为："应按……执行"或"应符合……要求(或规定)"。

附录B 天津市主要古树名木树种名录

序号 树种 学名 科别

1.油松 Pinus tabulaeformis 松科

2.侧柏 Platycladus orientalis 柏科

3.雪松 Cedrus deodada 松科

4.桧柏 Sabina chinensis 柏科

5.水杉 Metasequoia lyptostroboides 杉科

6.国槐 Sophra japonica 豆科

7.紫藤 Wisteria sinensis 豆科

8 黄金树 Catalpa speciosa 紫葳科

9.皂荚 Gleditsia sinensis 豆科

10.刺槐 Robinia pseudoacacia 豆科

11.西府海棠 Malus x micromalus 蔷薇科

12.海棠果 Malus prunifolia 蔷薇科

13.杜梨 Pyrus betulaefolia 蔷薇科

14.榆树 Ulmus pumila 榆科

15.银杏 Ginkgo biloba 银杏科

16.枣树 Zizyphus jujuba 鼠李科

17.龙爪枣 Zizyphus jujuba cv. 鼠李科

18.构树 Broussonetia papyrifera 桑科

上海市古树名木及古树后续资源养护技术规程(试行)

(上海市绿化和市容管理局制定,2007 年 10 月发布)

主编单位:上海市绿化管理指导站

主要起草人:王　瑛　傅徽楠　夏希纳　张秀琴　金嗣营　汤珧华　孙明珣

　　　　　　陈嫣嫣　程　敏　李　艳

1 总则

1.1 为加强本市古树名木及古树后续资源(以下简称古树名木)的管理,规范古树名木的养护行为,发挥古树名木应有的效应和价值,特制订本规程。

1.2 本规程适用于本市行政区域内的古树名木保护,其它需要特殊保护和复壮的树木可参照本规程执行。

1.3 本规程依据《城市绿化条例》、《城市古树名木保护管理办法》、《上海市古树名木和古树后续资源保护条例》和《上海市工程建设规范·园林绿化养护技术等级标准》等制定。

1.4 古树名木保护除应执行本规程外,还应符合国家现行的有关标准。

1.5 本规程由上海市绿化管理局负责解释。

2 术语

2.1 古树名木　historical tree and famous wood species

古树泛指树龄在百年以上的树木;名木泛指珍贵、稀有或具有重要历史、科学、文化价值以及有重要纪念意义的树木,也指历史和现代名人种植的树木,或具有历史事件、传说及神话故事的树木。

2.2 古树后续资源　potential resource of old trees

树龄在八十年以上一百年以下的树木。

2.3 一级保护古树

名木以及树龄在三百年以上的古树。

2.4 古树名木复壮 historical tree and famous wood species rejuvenation

对古树名木采取改善生长环境条件等技术措施,以达到增强树势、促进生长的目的。

2.5 古树名木保护区　conservation spots of old and historical trees

古树名木保护区是指不小于树冠垂直投影外 5 米的区域;古树后续资源保护区是指不

小于树冠垂直投影外 2 米的区域。

2.6 根系分布区　distributing district of tree roots

指树木根系在水平和垂直方向伸展所形成的地下空间区域。

2.7 土壤有害物质　soil poisonous substance

指土壤中含有过量盐、碱、酸、重金属、苯等对植物生长不利的物质。

2.8 土壤有机质　soil organic matter

指土壤中动植物残体、微生物体及其分解和合成的有机物质。单位用克 / 千克 (g/kg) 表示。

2.9 土壤容重 (土壤密度) soil bulk density

指土壤在自然结构状态下，单位容积内干土重。单位用兆克 / 立方米 (Mg/m^3) 表示。

2.10 土壤通气孔隙度　soil aeration porosity

指在土壤孔隙中，没有毛管作用，但通透良好的部分 (一般指直径大于 0.1mm 的孔隙) 所占的比例。用 (%) 表示。

2.11 观测井　observation well

指在古树名木保护区附近，人工开挖用于观察或测定地下水位和 pH 值的井。一般深度为 120cm~180cm，直径为 20cm~30cm。

3 土壤保护与改良

3.1 土壤测试

一级保护的及衰弱的古树名木，宜定期对其生长的土壤进行 pH 值、土壤容重、土壤通气孔隙度、土壤有机质含量等指标的测定。若不符合土壤指标要求,且古树名木长势减弱，则应制定相应的改良方案，经确认后进行土壤改良。

3.2 施肥原则

施肥应根据古树名木树种、树龄、生长势和土壤等条件而定。对生长濒危的古树名木施肥应慎重。

3.3 施肥方法

一般应在冬季施腐熟有机肥；开花结果类树种可在花果期后追施含磷钾的颗粒肥。

冬施有机肥可沟施也可穴施。应先探根，再在吸收根附近均匀挖 3~4 条长宽深为 50×25×30(cm) 的辐射状沟或直径 5~10cm、深 30~50cm、穴距 60~80cm 的穴洞；施肥位置应每年轮换。

3.4 其他保护措施

当古树名木根部土壤出现空洞时，应及时填充土壤；当根部须根裸露时，应及时覆土，覆土厚度应为 3~5cm。填充或覆盖用土应选用富含有机质的疏松土壤，如山泥、泥炭等。

古树名木保护区内的裸露表土，可放置覆盖物。如陶粒、泥炭等。也可种植地被植物。

古树名木保护区内原先采用硬质铺装材料的，应改用透气铺装材料。

古树名木保护区内严禁倾倒、填埋水泥、石灰、混凝土等建筑垃圾及其它有毒、有害物质。

必须保持古树名木树干根颈部的原有土壤标高，周边土壤标高应略低于树干根颈部。

4 灌溉与排水

4.1 灌溉

古树名木一般不进行灌溉。

4.2 排水

古树名木保护区及附近应有与环境相协调的自然或管道排水系统。大雨后积水应在1小时内排除；暴雨后积水应在2小时内排除。

4.3 观测井设置

凡长势衰弱或保护区附近进行施工的古树名木，应在保护区边缘设立2~3个水位观测井。应每天或隔天测量水位，根据施工情况测试pH值，并做好记录。若水位不正常或pH值变化明显，应查找原因，采取应对措施，及时解决。

5 有害生物的控制和环境保护

5.1 有害生物的控制

5.1.1 原则

加强监测，综合治理。

5.1.2 监测

加强有害生物的监测工作，对在巡视中发现的有害生物应做好调查记录，及时上报管理古树名木的部门。

5.1.3 重点控制的有害生物种类

食叶性害虫如刺蛾类；刺吸性害虫如蚧虫类；钻蛀性害虫如白蚁、天牛类；节肢动物如鼠妇；侵染性病害如煤污病等。

5.1.4 有害生物的控制方法

刺蛾类危害银杏、榆科植物，6~10月份幼虫危害期，可喷施苏云金杆菌或灭幼脲等药剂，冬季除虫茧。

松红蜡蚧危害雪松；红蜡蚧危害枸骨、桂花、香樟等；日本壶蚧危害广玉兰、香樟等。松红蜡蚧、红蜡蚧防治时间一般在6月上中旬，日本壶蚧防治时间一般在5月上中旬。喷施药剂可选择花保等无公害药剂，每隔7天喷药1次，连喷3~4次，药剂应喷洒均匀。

白蚁危害银杏、广玉兰、香樟、悬铃木、桂花等；可采用毒饵法，施药时间为5~9月份白蚁活动期。

天牛危害胡颓子、柚树、悬铃木、枫杨等；可采用毒扦、药剂灌注或人工钩除等方法。

煤污病危害广玉兰、香樟、雪松等；首先控制蚧虫，防治方法同蚧虫。

5.2 环境保护

5.2.1 原则

古树名木保护区内的植物与设施，必须加以控制，不得影响古树名木的正常生长。

5.2.2 保护技术

古树名木保护区内的大型野草、恶性杂草必须拔除；对树木生长有不良影响的植物，如散生竹、核桃、野构树及附生于树上的藤本植物等，必须清除。

对古树名木保护区内的同种小植株，可适当保留。

古树名木保护区及附近有强烈反射光或辐射光等光污染时，应找出光源，消除影响；附近有空调主机的，应及时移去。

6 修剪

6.1 原则

以有利于古树名木正常生长和复壮为原则，对体现古树自然风貌的无危险枯枝应涂防腐剂后予以保留。修剪必须注意安全。

6.2 修剪季节

分休眠期修剪和生长期修剪。通常常绿树在换新叶之前(4月为佳)修剪，落叶树在落叶后与新梢萌动之前(3月为佳)修剪。

6.3 修剪技术

修剪过多的萌蘖枝、过密枝、严重病虫枝等。休眠期修剪主要根据树木生态习性进行修剪，如下垂枝、重叠枝；如果树冠明显不圆整、重心不稳定的，应适当短截树冠外围过长枝。

夏季防台修剪时应对结实过多的枝条适当进行疏果、疏枝；对常绿树密集的枝条适当抽稀；对主干中有大空洞或生长于风口处的古树名木，应适当抽稀树冠。

一般银杏、香榧等保留离树较远、较粗的枝条3~5枝；其余的应及时从基部修去，切口与地面齐平；长势衰弱的可根据具体情况适当多留一些萌蘖。白玉兰、女贞、桂花、罗汉松等应去除所有萌蘖枝。腊梅、牡丹等根据具体情况，去弱留强，但应适当保留代表古树年份的枝条。

短截切口必须靠节，剪、锯口应在剪口芽的反侧呈适度倾斜；剪锯切口必须保持平整，确保切口面不积水。对直径大于3cm的剪、锯口必须进行消毒处理，并涂抹伤口愈合剂，如波尔多液护创剂或羊毛脂。

修剪应搭脚手架或使用高枝油锯，严禁徒手攀登。

7 防腐与树洞处理

7.1 原则

古树名木的腐烂处应进行清腐处理，一般树洞以开创式引流保护为主，难以引流的朝天洞或侧面洞，应在防腐后进行修补。

7.2 防腐技术

应及时对古树名木的腐烂部位进行清除，裸露的木质部应使用消毒剂，如5%硫酸铜或5‰高锰酸钾；待干后涂防腐剂，如桐油。

7.3 树洞处理技术

修补前必须挖尽腐木，消毒防腐，保持洞口的圆顺；然后应先用木炭或水泥石块填充，如有必要可用钢筋做支撑加固，再用铁丝网罩住，外面用水泥、胶水、颜料拌匀后（接近树皮颜色）进行修补；封口要求平整、严密，并低于形成层；形成层处轻刮，最后涂伤口愈合剂。

修补时间应在新梢萌动之前，不得在冰冻天进行。

8 复壮与抢救

8.1 原则

对堆土、积水、有害生物危害、土壤污染、雷击、风雨、持续干旱、开发建设等原因造成古树名木长势衰弱的，应及时采取复壮措施；威胁古树名木生命的，应立即采取抢救措施。

古树名木的复壮与抢救措施实施前应预先制定有关技术方案，经市管理古树名木部门确认后，方可实施。

8.2 复壮技术

8.2.1 保护根系

地下根系生长受到影响时，应在不伤或少伤根系的情况下，排除各种不利因素。

古树名木的土壤受到有害物质严重污染时，必须及时清除污染源，并应更换部分土壤。古树名木下堆土过高，应以不伤根为原则，分期或一次性撤去堆土。因建设等原因伤根过多的，应将凹凸不平的受伤根修平、消毒，浇生根水，根据伤根情况适度疏枝摘叶；还应根据天气情况，特别是高温干旱季节应每天早晚叶面喷雾。

8.2.2 施用菌根菌

衰弱的松科古树名木每年生长季节应施适合的菌根菌；施用菌根菌时应去除表层土，置菌于吸收根上。

8.2.3 涂林木梳理剂

流胶的古松每年应涂 2~3 次林木梳理剂。

8.2.4 种植豆科植物

对土壤较板结的古树名木可在保护范围内种植豆科植物，如毛豆、蚕豆等。

8.2.5 叶面追肥

发现叶片生长不正常时，如叶片变薄或偏小时，应经专家诊断后适当进行叶面追肥，一般应于早晨或傍晚进行。

8.3 抢救技术

8.3.1 原地抢救措施

1. 修剪：针对不同树种、抢救的具体情况，进行必要的梳枝摘叶。

2. 遮阳：一般遮荫网应尽量远离树梢，网可移动，需要时拉上，若树高大，更要考虑荫棚的安全问题。

3. 喷雾：一般在树上面和外侧安装喷雾设施，喷雾头必须现场调试，不得正对脚手架。

4. 促生根：用生根粉拌于种植土中或在根系涉及范围内浇生根水，10 天一次。

5. 挖观测井：一般在保护区域边缘挖 2~3 个观察井，观察水位变化情况及水的 pH 值。

6. 灌排水：根据观测井水位等情况，及时配套做好灌水或排水工作。

7. 施营养液：叶面喷施营养液或吊营养液。

8.3.2 异地抢救

个别古树名木保护区及附近因地下水位长期过高或环境严重恶化，且采取多种措施确实无法改善时，可考虑异地抢救。

9 保护设施

9.1 设立保护标志

古树名木周围应设立统一的保护标志，如保护标牌、保护宣传牌等。

9.2 驳岸

对位于河道、池塘边的古树名木，应根据周边环境需要进行护岸加固，可以用石驳、木桩或护岸植物。

9.3 护栏

古树名木根系分布区踩踏严重的，应设立保护围栏。围栏的式样应与古树名木的周边环境相协调。

9.4 支撑

对生长衰弱、树体倾斜、树洞明显或处于河岸、高坡上或树冠大、枝叶密集、易遭风折的古树名木，必须设立支撑或拉攀加固，加固设施与树体接触处必须加垫层，如厚橡胶。

9.5 棚架

攀援古树名木应搭建棚架。

9.6 防雷设施

树体高大、位于空旷处的古树名木，应安装防雷设施。防雷设施应每年检测，工频接地电阻应小于 10Ω。

10 自然灾害的防范

10.1 防台防汛

根据本市气候特点，应在六月中旬开始做好防台防汛工作。加强巡查，发现古树名木的支撑拉攀加固等设施不妥的，必须及时更新；发现古树名木周边积水的，必须及时排除。

10.2 积雪处理

古树名木上有积雪覆盖，应及时去除。

10.3 冰冻预防

根据天气预报，在寒潮来临之前，对易受冻害和处于抢救复壮期的古树名木在其根颈部盖草包或塑料膜。

10.4 抗旱措施

在经历连续高温干旱后，对叶片有萎蔫现象发生的古树名木，应于早晨或傍晚进行叶面喷雾和根部灌溉。

11 管理办法

11.1 技术培训与交流

建立市、区（县）两级技术培训制度，每年应对古树名木养护责任人进行技术培训。应定期开展古树名木保护技术和管理的研讨和交流，不断提高养护管理水平。

11.2 巡视制度

11.2.1 巡视范围

古树名木保护区以及外延至可能引起其生长受到影响的区域。

11.2.2 巡视内容

古树名木树体：主干、大枝是否有树洞或腐烂，主干是否倾斜，枝叶是否有萎蔫现象、或受损痕迹，是否有有害生物危害，干、枝、叶、花、果是否有不正常的物候变化。

古树名木保护区及附近环境：道路、河道、房屋建筑、筑路造桥、工厂烟囱、电力设备、排放气体和液体、地下水位、水质、排水系统、土壤、其它树木、地面标高、高坡水土流失、河岸塌方、保护设施、堆物、群众烧香拜佛等动态。

11.2.3 巡视时间

一级保护的古树名木至少每1个月巡视1次；二级保护的古树至少每2个月巡视1次；古树后续资源至少每3个月巡视1次；台风季节必须加强巡视力度；保护区附近处于开发建设时期的古树名木至少每星期巡视1次，必要时委派专人驻守管护。

11.2.4 问题处理

一般问题应及时处理，例如少量堆土堆物、浇水不当、细微损伤等；应急问题应报告处理，即与古树专管员及时沟通，商量解决，如部分塌方、逐渐倾斜等；重大问题应请示处理，即速与市、区（县）管理古树名木的部门联系，必要时组织专家会诊，先提出方案，经确认后组织实施，施工全过程应由工程技术人员现场指导，如古树名木保护区及附近开发建设、严重倾斜、严重污染等。

11.2.5 巡视记录

要求日期无误，事实清楚，处理妥善，建议合理，记录连贯。

11.3 养护计划

古树名木养护责任人应在古树专管员指导下，结合树木具体情况，制定古树名木的年度养护计划，并列入年度财政预算，按计划对管辖区的古树名木进行养护。养护计划内容包括土壤改良与保护、灌溉与排水、有害生物的防治、修剪、防腐、补洞、除草、保洁、保护设施维修等。

11.4 古树名木档案

市、区（县）管理古树名木的部门必须建立完整的古树名木一树一档制度。档案内容包括申报表、每年的养护计划、五年一次的每木调查表、日常巡视记录表、技措方案、示范点预（决）算及方案、抢救复壮方案及实施情况记录等相关资料。其资料和生长动态输入电脑，实行动态管理和信息共用。

本规程用词说明

为便于在执行本规程条文时区别对待，对要求严格程度不同的用词说明如下：

1.表示很严格，非这样做不可的用词：

正面词采用"必须"；反面词采用"严禁"。

2.表示严格，在正常情况均应这样做的用词：

正面词采用"应"；反面词采用"不应"或"不得"。

3.对表示允许稍有选择，在条件许可时首先应这样做的用词：

正面词采用"宜"；反面词采用"不宜"。

表示有选择，在一定条件下可以这样做的，采用"可"。

条文中指明应按其他有关标准执行的写法为："符合……要求（或标准）"。

4.附录一～附录八

附录一：

上海市古树名木树种汇总表

序	树种	科、属	学　名
1	银杏	银杏科银杏属	Ginkgo biloba Linn.
2	雪松	松科雪松属	Cedrus deodara(Roxb)Loud
3	黑松	松科松属	Pinus thunbergii Parl.
4	白皮松	松科松属	Pinus bungeana Zucc. et Endl.
5	大王松	松科松属	Pinus Palustris Mill.
6	五针松	松科松属	Pinus parviflora Sieb.et Zucc
7	罗汉松	罗汉松科罗汉松属	Podocarpus macrophyllus (Thunb.) D.Don
8	桧柏	柏科圆柏属	Sabina chinensis (Linn.)Ant.
9	龙柏	柏科圆柏属	Sabina chinensis 'Kaizuca'
10	枷罗木	红豆杉科	Taxus cuspidata var． nsana
11	香榧	红豆杉科榧树属	Torreya grandis Fort.
12	广玉兰	木兰科木兰属	Magnolia grandiflora Linn.
13	紫玉兰	木兰科木兰属	Magnolia liliflora Desr.
14	白玉兰	木兰科木兰属	Magnolia denudata Desr.
15	二乔玉兰	木兰科木兰属	Magnolia × soulangeana Soul.-Bod.
16	含笑	木兰科含笑属	Michelia figo (Lour.)Spreng.
17	香樟	樟科樟属	Cinnamonum camphora (Linn.) Presl
18	月桂	樟科月桂属	Laurus nobilis Linn.
19	楠木	樟科楠木属	Phoebe zhennan S. Lee et F.N. Wei
20	枇杷	蔷薇科枇杷属	Eriobotrya japonica (Thunb.) Lindl.
21	石楠	蔷薇科石楠属	Photinia serrulata Lindl.

22	樱花	蔷薇科梅属	Prunus serrulata (Lindl.)G.Don et Lodon
23	垂枝梅	蔷薇科梅属	Prunus mume var. pendula Sieb.
24	木瓜	蔷薇科木瓜属	Chaenomeles sinensis (Thouin) Koehe
25	心叶椴	椴树科椴树属	Tilia cordata Mill
26	皂荚	豆科皂荚属	Gleditsia sinensis Lam.
27	国槐	豆科槐属	Sophora japonica Linn.
28	盘槐	豆科槐属	Sophora japonica L. 'Pendula'
29	黄檀	豆科黄檀属	Dalbergia hupeana Hance
30	紫藤	豆科紫藤属	Wisteria sinensis (Simg) Sweet.
31	桂花	木犀科木犀属	Osmanthus fragrans （Thunb.） Lour.
32	女贞	木犀科女贞属	Ligustrum lucidum
33	丁香	木犀科丁香属	Jambosa caryophyllus Ndz
34	梓树	紫葳科梓树属	Catalpa ovata Don
35	凌霄	紫葳科凌霄属	Campsis grandiflora (Thunb.)Loise.
36	板栗	壳斗科栗属	Castanea mollissima Bl.
37	白栎	壳斗科栎属	Quercus fabri Hance
38	乌冈栎	壳斗科栎属	Quercus phillyraeoides A.Gray
39	栓皮栎	壳斗科栎属	Quercus variabilis Bl.
40	苦槠△	壳斗科栲属	Castanopsis sclerophylla (Lindl.) Swchott.
41	榔榆	榆科榆属	Ulmus parvifolia Jacq.
42	榉树	榆科榉树属	Zelkova schneideriana Hand. Mazz.
43	朴树	榆科榆属	Celtis sinensis Pers
44	糙叶树	榆科糙叶树属	Aphananthe aspera(Thunb.)Planch.

45	山茶	山茶科山茶属	Camellia japonica Linn.
46	茶梅	山茶科山茶属	Camellia sasanqua Thunb.
47	厚皮香	山茶科厚皮香属	Ternstroemia gymnanthera Sprague
48	枸骨	冬青科冬青属	Ilex cornuta Lindl.
49	铁冬青	冬青科铁冬青属	Ilex rotunda Thunb.
50	石榴	石榴科石榴属	Punica granatum Linn.
51	丝棉木	卫矛科卫矛属	Euonymus bungeanus Maxim.
52	胡颓子	胡颓子科胡颓子属	Elaeagnus pungens Thunb.
53	黄连木	漆树科黄连木属	Pistacia chinesis Bunge
54	青枫	槭树科槭树属	Acer palmatum Thunb.
55	厚壳树	紫草科厚壳树属	Ehretia microphylla Lam
56	粗糠	紫草科	Ehretia dicksonii Hance
57	黄荆	马鞭草科牡荆属	Vitex negundo L.
58	牡丹	毛茛科芍药属	Poeomia Suffruticosa Andr.
59	紫薇	千屈菜科紫薇属	Lagerstroemia indica Linn.
60	欧洲七叶树	七叶树科七叶树属	Aesculus hippocastanum Bunge
61	腊梅	腊梅科腊梅属	Chimonanthus praecox Link.
62	悬铃木	悬铃木科悬铃木属	Platanus × acerifolia (Ait.) Willd.
63	瓜子黄杨	黄杨科黄杨属	Buxus sempervirenns L. Ver. Handsworthii (k. Koch) Daill
64	枫杨	胡桃科枫杨属	Pterocarya stenoptera C. Dc
65	桑树	桑科桑属	Morus alba Linn.
66	柘树△	桑科柘树属	Cudrania tricuspidata (Carr.)Bur.

67	重阳木	大戟科重阳木属	Bischofia polycarpa (Levl.)Airy-Shaw
68	三角枫	槭树科槭树属	Acer buergerianum Mig.
69	刺楸	五加科刺楸属	Kalopanax septemlobus (Thunb.) Koidz.
70	核桃	胡桃科胡桃属	Juglans regia Linn.
71	柿树[△]	柿树科柿树属	Diospyros kaki L. f.
72	青桐[△]	梧桐科梧桐属	Firmiana simplex (L.) W. F. Wight
73	枣树	鼠李科枣属	Ziziphus jujube Mill.
74	香柚	芸香科柑桔属	Citrus grandis
75	香圆	芸香科柑桔属	Citrus media Linn.
76	构树	桑科构树属	Broussonetia papyrifera (Linn.)Vent.
77	乌桕	大戟科乌桕属	Sapium sebiferum (Linn.) Roxb.
78	桔树	芸香科柑桔属	Citrus reticulata (C. nobilis)
79	南酸枣	漆树科南酸枣属	Choerospondias axillaris (Roxb.) Burtt et Hill
80	无患子	无患子科无患子属	Sapindus mukorossi Gaertn.
81	麻栎	壳斗科栎属	Quercus acutissima Carr.
82	杜仲	杜仲科杜仲属	Eucommia ulmoides Oliv.
83	樟叶槭	槭树科槭树属	Acer cinnamomifolium Hayata

附录二：

上海市古树名木申报表

No：

树名：			
所在地点：			
权属单位：			
估计树龄：			
树木现状	生长状况：		5 寸 照 片
	树高（M）：		
	胸围（CM）：		
	根围（CM）：		
	树冠	东西向（M）：	
		南北向（M）：	

树木方位图：

调查人：　　　　日　期：　　　　审核人：　　　　日　期：

申报依据（历史资料、传说等）：   　调查人：　　　　　　　　　　日期：
权属单位（个人）申报意见：   　申报人：　　　　　　　　　　日期：
区、县管理古树名木部门初审意见：   　签字：　　　　　　　（盖章）　日期：
专家鉴定意见：   　签字：　　　　　　　　　　　日期：
市管理古树名木部门审核意见：   　签字：　　　　　　　（盖章）　日期：
市绿化局审批意见：   　签字：　　　　　　　（盖章）　日期：

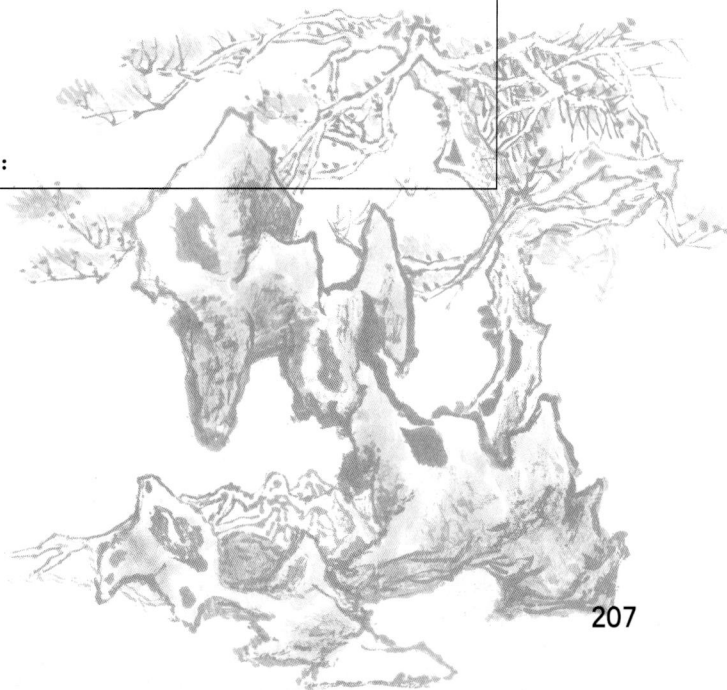

附录三：

上海市古树名木注销鉴定表

树名		编号		树龄	
生长地点				联系人	
养护责任单位				联系电话	
该树有关历史、管护情况、死亡时间、抢救经过、死亡照片及地形图等详见附件					
专家鉴定意见详见附件					
区、县管理古树名木部门意见	签字　　　　（单位章）　　　　日期				
市管理古树名木部门意见	签名　　　　（单位章）　　　　日期				
市绿化局审核意见	签名　　　　（单位章）　　　　日期				

附录四：

200　年古树名木巡视情况记载表

树　种		编　号		树龄	
地　点			巡视人		
巡视内容：生长环境、养护情况、设施保护、生长势等。					
要求或建议：					

填表人：　　　日期：

附录五:

古树名木和古树后续资源季度巡视情况报告汇总表

区(县)200 年___月___日至___月___日,巡视古树名木___株,编号为 _____ ;古树后续资源___株,编号为_____;其中有异常的情况共有___株,详见下表:

序号	树名	编号	发现问题	采取措施	备注
备注					

巡视人:　　　　　填表人:　　　　　填表日期:

附录六：

古树名木和古树后续资源保护自查表

年 月 日

序号	项目	内　容	自　查　说　明
1	日常养护	周边环境整洁，无杂物 病虫害防治及时有效 防台防汛措施落实 修剪、防腐、补洞及时有效 保护设施、标牌完好 保护区排水畅通、无积水	
2	季度零报告	____年度发现异常古树的数量、内容及处理情况	
3	技措示范	完成技措_____项，内容： 完成示范点_____项，内容：	
4	区网建设	现有区网网员_____名 区网活动____次，其中技术培训____次，区网活动参与率_____%	
5	宣传	宣传_____次，曝光_____次。附材料及曝光后处理情况	
6	年新增古树名木_____株，新增古树后续资源_____株。完成古树名木和古树后续资源养护责任书签约_____株，占_____%		
7	应用技术推广采取措施：		
备注			

附录七：

古树名木每木调查表

<table>
<tr><td>树名</td><td></td><td>编号</td><td></td><td>树龄</td><td></td></tr>
<tr><td>位置</td><td colspan="5"></td></tr>
<tr><td>权属</td><td colspan="5">国有 □　　集体 □　　个人 □　　其他 □</td></tr>
<tr><td>管护单位或个人</td><td colspan="5"></td></tr>
<tr><td>树高</td><td>米</td><td>冠幅</td><td colspan="3">东西　　米，南北　　米；齐全（>2/3）□　基本齐全（1/3~2/3）□　不</td></tr>
<tr><td>胸围</td><td>米</td><td colspan="2">最粗枝胸围：　　米</td><td>粗枝数：　　枝</td><td>主干倾斜：有□　无□</td></tr>
<tr><td>生长势</td><td colspan="5">良好 □　　一般 □　　衰弱 □　　濒危 □</td></tr>
<tr><td>树体</td><td>树洞</td><td colspan="2">少量□ 较多□ 有特大树洞□无</td><td>枯枝</td><td>明显（>1/5）□ 不明显（1/10~1/5）□ 无□</td></tr>
<tr><td>病虫害及危害程度</td><td colspan="5">白蚁□ 刺蛾□ 煤污□ 蚧虫□ 蛀干性害虫□其它□ 严重□ 不严重□</td></tr>
</table>

<table>
<tr><td rowspan="7">周边环境《条例》规定范围</td><td>建筑物</td><td>有 □　　无 □</td><td rowspan="7">保护措施</td><td rowspan="2">护栏材料</td><td>砖 □　　不锈钢□</td></tr>
<tr><td>土质</td><td>好□　中□　差□</td><td>石头 □　　其他 □</td></tr>
<tr><td>植被</td><td>自然□　　人工□</td><td>挡土墙</td><td>有 □　　无 □</td></tr>
<tr><td>排水</td><td>自然坡 □ 设排水沟□</td><td>支撑</td><td>有 □　　无 □</td></tr>
<tr><td>积水</td><td>偶积水□　不积水 □</td><td>驳岸</td><td>有 □　　无 □</td></tr>
<tr><td>雷击</td><td>有 □　　无 □</td><td>避雷设施</td><td>有 □　　无 □</td></tr>
<tr><td>铺装</td><td>透气铺装□不透气铺装□无铺</td><td>根部</td><td>部分根裸露□已覆土□保持原</td></tr>
</table>

<table>
<tr><td>近年古树及周边变化情况及建议：</td><td>5 寸照片</td></tr>
</table>

调查者：　　　日期：　　　　　　　审查者：　　　日期：

附录八：

上海市古树名木保护专家会诊意见书

申请会诊单位					
联 系 人			电话		
会诊树种		编号		地点	
会诊组织者					
会诊内容					

会诊意见：

专家签名：

上海市古树名木和古树后续资源鉴定标准和程序(试行)

(上海市绿化和市容管理局制定，2010年3月22日沪绿容【2010】102号文件发布)

为进一步加强本市古树名木和古树后续资源的管理，规范古树名木和古树后续资源申报鉴定工作，根据《上海市古树名木和古树后续资源保护条例》第九条规定，结合本市实际情况，制定本标准和程序。

一、适用范围

本鉴定标准和程序适用于本市行政区域内、初步符合《上海市古树名木和古树后续资源保护条例》第二条规定、尚未列入本市古树名木和古树后续资源保护范围的树木。

二、鉴定标准和方法

（一）鉴定标准

1.古树和古树后续资源

古树和古树后续资源的鉴定以树龄为主要依据。

(1) 古树树龄应当在一百年以上(含一百年)；

(2) 古树后续资源树龄应当在八十年以上(含八十年)、一百年以下。

2.名木

名木的鉴定以树种珍贵、稀有；具有重要历史价值或纪念意义；具有重要科研价值为主要依据。

(1) 符合下列情况为树种珍贵、稀有：

①申报鉴定时，本市该树种的分布数量少于五株，且树龄在五十年以上；

②自然形成的奇特树型，如连理株、树中树等，且树龄在五十年以上。

(2) 符合下列情况为具有重要历史价值或纪念意义：

①具有重要历史价值或对重要历史人物及重大历史事件有纪念意义的树木，有报刊、书籍等资料佐证的；

②国家主要领导人种植的具有重要纪念意义的树木。

(3) 符合下列情况为具有重要科研价值：

①选育成功的具有国际先进水平的第一代珍稀品种树；

②本市行政区域内发现的经专业机构鉴定为新种且具有国际影响的"模式标本树"。

（二）鉴定方法

本市古树和古树后续资源树龄的鉴定方法主要根据历史记载、传说及参照周边古迹历史进行树龄的测算，也可利用树木胸围尺寸推算、年轮测算等其他辅助方法。

1. 以历史资料、传说及参照古迹推测

古树树龄的考证主要通过相关史料加以确认，如地方志、风物志、寺志、树木引种有关文献和树木种植史志等文献；或通过走访古树附近的居民，根据与古树有关的传说记载，获取与古树年龄相关的资料；或根据古树周边古迹如古建筑、石碑、古道等的始建及存在时间，来推算古树的树龄。

2. 以树木胸围尺寸推测

根据本地区树木胸围的经验值并综合考虑树木生长环境条件进行树龄的推测。常见古树和古树后续资源胸围值可参考有关古树和古树后续资源胸围分级表（见附表一）。

3. 年轮测算法

年轮测算法是指通过计算年轮的数量来确定古树的年龄。树木年轮的测算可以通过生长锥取样或借助其他仪器等方法进行测定。

三、工作程序

（一）申报

1. 树木权属单位或个人向区、县古树管理部门提出申请，填写申报申请表（见附表二）；相关申报事宜可向市或区、县古树管理部门咨询（联系方式见附表三）。

2. 申报材料

(1) 申报树木的概况（树种、规格、所在地点、现状、照片）；

(2) 申报依据（历史资料、传说等）；

(3) 个人申报需附树木权属证明（由所属居委会或村委会出具证明）。

（二）鉴定

1. 区、县古树管理部门工作人员根据申报材料到现场踏勘、取证、核实，并告知《上海市古树名木和古树后续资源保护条例》相关规定，明确申请人的权利和义务。对基本符合申报条件的树木，填写"上海市古树名木申报表"（见附表四）或"上海市古树后续资源申报表"（见附表五）。

2. 对申报古树名木的树木，由区、县古树管理部门向市绿化主管部门提出古树、名木鉴定申请，并提供申报表等相关材料及标有拟申报树木位置的地形图（1：500或1：2000）。市绿化主管部门应当对申报材料进行审核、现场踏勘并组织专家鉴定。专家组由"上海市古树名木保护管理专家库"中的3位专家组成。

3. 对申报古树后续资源的树木，由区、县古树管理部门对申报材料进行审核，并组织专家鉴定。专家组由"上海市古树名木保护管理专家库"中的3位专家组成。

（三）确认

1. 市绿化主管部门根据专家鉴定意见，对树龄在一百年以上三百年以下的树木，确认为二级保护古树；对树龄在三百年以上的树木或鉴定为名木的树木，报市人民政府予以确认。

2. 区、县古树管理部门根据专家鉴定意见，对树龄在八十年以上一百年以下的树木，提交申报表等相关材料及标有拟申报树木位置的地形图 (1 :500 或 1 :2000)，报市绿化主管部门予以确认。

（四）建档

1. 市绿化主管部门对新确认的古树名木和古树后续资源进行统一编号；区、县古树管理部门应当建立档案，并与养护责任人签订养护责任书。

2. 市绿化主管部门对新确认的古树名木进行统一挂牌，并测绘定位；区、县古树管理部门对新确认的古树后续资源进行统一挂牌，并测绘定位。

四、施行日期

本鉴定标准和程序自 2010 年 5 月 1 日起施行。

上海市常见古树和古树后续资源胸围分级表

（仅供专家鉴定参考）

序号	树种	科、属	学名	分级参考胸围值	
				二级	三级
				胸围≥cm	胸围≥cm
1	银杏	银杏科银杏属	Ginkgo biloba	175	150
2	香樟	樟科樟属	Cinnamomum camphora	250	210
3	广玉兰	木兰科木兰属	Magnolia grandiflora	195	170
4	榉树	榆科榉属	Zelkova schneideriana	160	130
5	桂花	木犀科木犀属	Osmanthus fragrans	90	75
6	瓜子黄杨	黄杨科黄杨属	Buxus sinica	80	65
7	悬铃木	悬铃木科悬铃木属	Platanus orientalis	270	225
8	罗汉松	罗汉松科罗汉松属	Podocarpus macrophyllus	120	100
9	龙柏	柏科圆柏属	Sabina chinensis 'Kaizuca'	135	110
10	朴树	榆科朴属	Celtis sinensis	165	145
11	雪松	松科雪松属	Cedrus deodara	195	155
12	枫杨	胡桃科枫杨属	Pterocarya stenoptera	285	235
13	桧柏	柏科圆柏属	Sabina chinensis	110	85
14	白皮松	松科松属	Pinus bungeana	120	95
15	白栎	壳斗科栎属	Quercus fabri	160	140
16	五针松	松科松属	Pinus parviflora	90	70
17	女贞	木犀科女贞属	Ligustrum lucidum	125	100
18	青枫	槭树科槭树属	Acer palmatum	115	85
19	紫薇	千屈菜科紫薇属	Lagerstroemia indica	95	80

20	香 榧	红豆杉科榧树属	Torreya grandis	175	140
21	皂 荚	豆科皂荚属	Gleditsia sinensis	225	180
22	枸 骨	冬青科冬青属	Ilex cornuta	95	75
23	黄连木	漆树科黄连木属	Pistacia chinensis	150	120
24	桑 树	桑科桑属	Morus alba	170	140
25	梓 树	紫葳科梓树属	Catalpa ovata	190	150
26	榔 榆	榆科榆属	Ulmus parvifolia	155	125
27	丝绵木	卫矛科卫矛属	Euonymus bungeanus	175	140
28	山 茶	山茶科山茶属	Camellia japonica	70	55
29	石 榴	石榴科石榴属	Punica granatum	85	75
30	枣 树	鼠李科枣属	Zizyphus jujuba	90	75
31	黄金树	紫葳科梓树属	Catalpa speciosa	140	115
32	黑 松	松科松属	Pinus thunbergii	130	110
33	盘 槐	豆科槐属	Sophora japonica L. 'Pendula'	65	55
34	三角枫	槭树科槭树属	Acer buergerianum Mig.	150	115
35	柿 树	柿树科柿树属	Diospyros kaki	140	120
36	黄 荆	马鞭草科牡荆属	Vitex negundo	115	90
37	黄 檀	豆科黄檀属	Dalbergia hupeana	115	100

注："胸围"是指树木根茎以上离地面 1.3 米处测得的树干周长；
"二级"是指树龄在 100 年以上的古树；
"三级"是指树龄在 80 年以上、100 年以下的古树后续资源。

附表二

个人申请	姓　　名			电话	
	联系地址			邮编	

单位申请	名　　称				
	联系地址			邮编	
	法定代表人			职务	
	联系人			电话	

申请事项	古树名木申报（　）	古树后续资源申报（　）
	注：请在申请事项后打"√"	

申报对象	树　　种		所在地点	
	估计树龄		权　　属	

申请材料	序号	名称	原/复印件	备注
	1			
	2			
	3			

申请理由	

承诺	我（单位）知晓申请应当具备的条件以及提交虚假材料应当承担的法律责任，以上提交的申请材料内容真实。 申请人：_____ _____年___月___日

受理编号		受理时间		受理人	

上海市古树名木和古树后续资源申报申请表

附表三

市、区县古树管理部门联系方式

序号	单位名称	单位地址	邮政编码	电　话	传　真
1	市绿化市容局公共绿地处	胶州路768号	200040	52567788	52567273
2	上海市绿化管理指导站	建国西路156号	200020	64716197	64716197
3	黄浦区绿化管理所	南苏州路757号8楼	200001	63226164	63226234
4	卢湾区绿化管理署	皋兰路2号	200020	53068579	53069611
5	徐汇区绿化管理局	钦州路601号	200235	54483881	54483881
6	长宁区绿化管理署	天山路1920弄8号	200051	62292803	62595775
7	静安区绿化管理局	武定路1128弄16号	200042	62188285	62188285
8	普陀区社区绿化管理所	管弄路61弄1号	200063	52243722	62146523
9	闸北区绿化管理署	老沪太路202号	200072	56652636	56652082
10	杨浦区绿化管理局	双阳路369号	200093	65434827	65398774
11	虹口区绿化管理局	四平路421弄3号	200081	65752073	65757696
12	闵行区林业站	沪闵路2633号	201109	64901794	64901148
13	宝山区绿化管理局	牡丹江路1841号	201900	66788350	66788313
14	嘉定区园林绿化管理署	新成路699号	201822	59996942	59997058
15	浦东新区绿化管理署	华夏东路185号	201203	61872127	68769066
16	奉贤区林业署	南亭公路929号	201400	57108259	67193590
17	松江区园林管理署	谷阳北路36号	201600	57823810	57827380
18	金山区园林管理署	石化街道卫一路165号	200540	57932917	57932176
19	青浦区绿化管理署	城中东路588号	201700	59721819	59721816
20	崇明县园林管理署	东门路2号	202150	69695381	69692534

附表四

上海市古树名木申报表

树种：		5 寸 照 片
所在地点：		
申报单位(个人)：		
估计树龄：		
树 木 现 状	生长势：良好□ 一般□ 衰弱□	
	树高(m)：	
	胸围(cm)：	
	根围(cm)：	
	冠径 东西向(m)：	
	冠径 南北向(m)：	
树木方位示意图：		周边环境条件说明：

调查人：   调查日期：   审核人：   审核日期：

申报依据(历史资料、传说等):		
申报单位(个人):	调查人:	日期:

申报意见:

承诺:

　　若申报树木被确认为古树名木,本单位(人)将严格按照《上海市古树名木和古树后续资源保护条例》规定,履行养护责任人的相关责任和义务。

　　申报单位(个人):　　　　　　　　　(盖章)　　日期:

区、县古树管理部门意见:

　　领导签字:　　　　　　　　　　　　(盖章)　　日期:

专家鉴定意见:

　　签字:　　　　　　　　　　　　　　日期:

市绿化和市容局确认意见:

　　签字:　　　　　　　　　　　　(盖章)　　日期

古树名木编号:	

　　注:本表一式两份

附表五

上海市古树后续资源申报表

No：

树种：	
所在地点：	
申报单位(个人)：	
估计树龄：	

树木现状	生长势：良好□一般□衰弱□	
	树高(m)：	
	胸围(cm)：	
	根围(cm)：	
	冠径	东西向(m)：
		南北向(m)：

5
寸
照
片

树木方位示意图：

周边环境条件说明：

调查人：　　调查日期：　　审核人：　　审核日期：

223

申报依据(历史资料、传说等):
申报单位(个人)：　　　　　　调查人：　　　　　　日期：

申报意见： 承诺： 　　　若申报树木被确认为古树后续资源，本单位(人)将严格按照《上海市古树名木和古树后续资源保护条例》规定，履行养护责任人的相关责任义务。 申报单位(个人)：　　　　　　（盖章）　日期：

专家鉴定意见：   　　签字：　　　　　　　　　　　　　日期：

区、县古树管理部门审核意见：   分管领导签字：　　　　　　（盖章）　日期：

市绿化和市容局确认意见：   签字：　　　　　　　（盖章）　日期：

古树后续资源编号：	

　　注：本表一式两份

湖北省武汉市古树名木和古树后续资源鉴定办法

（武汉市林业局 2006 年 7 月 24 日发布）

1 范围

本办法规定了古树名木和古树后续资源的申报、鉴定、确认及建档等内容，适用于本市行政区域内古树名木和古树后续资源的鉴定。

2 规范性引用文件

《武汉市古树名木和古树后续资源保护条例》
国务院 1999 年发布的《国家重点保护野生植物名录》

3 术语和定义

3.1 古树
树龄在一百年以上的树木。

3.2 名木指珍贵、稀有以及具有历史价值、纪念意义和重要科研价值的树木。

3.3 古树后续资源
树龄在八十年以上一百年以下的树木。

3.4 胸径
指距树木基部 1.3 米处的树干直径。

4 树龄鉴定

4.1 古树树龄鉴定

4.1.1 古树树龄的取样测定

4.1.1.1 用生长锥取样推算

在树干的胸径部位，用生长锥取样至髓心部位所测算出的胸径部位年龄，再加上该树长到 1.3 米处所需的生长年数，即为该树的树龄。若生长锥取样未能达到髓心部位，则以取样长度内的年轮数来推算该树的胸径部位年龄，并加上长到 1.3 米所需的生长年数，得到该树的树龄。

4.1.1.2 开三角口观察

有些材质坚硬的针阔叶树种，生长锥无法钻入取样，则须改用凿子在胸径部位开一个深 5 厘米边宽 10 厘米的三角口，数出该段树干的年轮，用此法来推算该树的树龄。

4.1.1.3 条件允许时可考虑采用较为先进的碳—14 同位素断代法或微波断层 (CT) 法测定树龄。

4.1.2 综合史料、树木生长环境、长势、外观形态、树皮状况、样本材质硬度和颜色等分析取样测定树龄结果的合理性。

4.1.3 对古树的年龄，尤其是树干心腐、多干丛生的古树，则可查对该树树干解析方面的有关资料，同时访问当地知情人，参阅有关历史资料如地方志等，来估算该树的相对年龄。

4.1.4 对生长在同一环境下的多株同种树，按取样树的平均年龄决定该批树树龄。

4.2 古树后续资源的树龄鉴定

古树后续资源的树龄鉴定，可参照古树树龄鉴定。

5 分级保护的认定

5.1 一级保护古树名木的认定

5.1.1 凡树龄在三百年以上的古树实行一级保护。

5.1.2 名木为珍稀的树木，包括《国家重点保护野生植物名录》中的一级保护植物，以及列入世界之最、中国之最的树木等；具有重要历史价值，与重大历史事件有关的树木；具有重要纪念意义的，包括与国家元首、国际著名科教文化名人有关的树木；具有重要科研和经济价值的树木。凡具有以上特征之一的名木，实行一级保护。

5.2 二级保护古树名木的认定

5.2.1 凡树龄在一百年以上三百年以下的古树实行二级保护。

5.2.2 名木为珍稀的树木，包括《国家重点保护野生植物名录》中的二、三级保护植物，国家第二批重点保护植物，华中及省级重点保护植物，以及列入华中之最、湖北之最的树木；具有历史价值的树木，包括与历史传说、典故、历史事件有关的树木；具有纪念意义的树木，包括与国内著名科教文化名人有关的树木，以及礼品树、友谊树，革命纪念意义的树木。凡具有以上特征之一的名木，实行二级保护。

5.3 古树后续资源实行三级保护。

6 鉴定办法

6.1 调查与申报

6.1.1 武汉市各区古树名木行政主管部门应组织辖区内各单位对其管辖范围内的古树、名木和古树后续资源情况进行初步调查与判定。

6.1.2 判定为一、二级保护的古树名木，各区古树名木行政主管部门需向市古树名木行政主管部门申报鉴定；判定为古树后续资源的，由各区古树名木行政主管部门组织鉴定。

6.2 复查

市古树名木行政主管部门根据各区古树名木行政主管部门申报情况组织专班进行复查。复查的主要内容为树木的种名、生长地点、树高、胸径、冠幅、立地条件、长势和病虫害等是否与各单位初步调查、判定的情况相符。

6.3 鉴定

古树名木的鉴定由市古树名木行政主管部门组织专班开展。专班将古树名木的种名、生长状况、树龄和历史考证等进行汇总，并将汇总结果上报市古树名木行政主管部门。

6.4 审定

市古树名木行政主管部门组织专家小组对汇总结果进行审定。

6.5 确认

6.5.1 一级保护的古树、名木，由市古树名木行政主管部门报经省人民政府确认后，由市人民政府予以公布。

6.5.2 二级保护的古树、名木，由市古树名木行政主管部门报市人民政府确认并予以公布。

6.5.3 古树后续资源，由区古树名木行政主管部门报市古树名木行政主管部门确认并予以公布。

6.6 建档

市古树名木行政主管部门对已确认公布的古树、名木和古树后续资源进行登记（填写武汉市古树名木登记表），建档备案，并组织统一挂牌，牌中标明树木编号、名称、学名、树龄、保护级别、养护责任单位和养护责任人等内容。

湖北省武汉市古树名木和古树后续资源养护技术标准

(武汉市林业局 2006 年 7 月 23 日发布)

1 范围

本标准规定了古树名木和古树后续资源的养护管理规范以及检查验收标准,适用于武汉市行政区域内古树名木和古树后续资源的养护管理工作。

2 规范性引用文件《武汉市古树名木和古树后续资源保护条例》

3 术语和定义

3.1 古树

树龄在一百年以上的树木。

3.2 名木

树种珍贵、稀有以及具有历史价值、纪念意义和重要科研价值的树木。

3.3 古树后续资源

树龄在八十年以上一百年以下的树木。

3.4 树冠及树冠投影

树木全部枝叶的总体,称为树冠。

树冠向地面垂直投影的影区,称为树冠投影。

3.5 根系分布区

植物根系能达到的地方,一般为树冠冠幅的 1 至 3 倍。

3.6 生长势

植物生长的强弱,泛指植物生长快慢、茎叶色泽亮度,以及枝条健壮、树冠丰满和枝叶萌发繁茂等程度

3.7 机械损伤

一般是指由于人为、机械动力等因素对植物树干、树皮和根系造成的创伤。

3.8 古树复壮

主要针对生长衰弱或濒危的古树采取的改善生长条件、促进生长、恢复树势的措施。

3.9 古树复壮基质

根据古树立地条件人工配制的营养土,能增补古树生长必需的矿质营养元素,具有促进古树生长的作用。

3.10 古树根灌助壮剂

由稀土元素和微量元素按适宜的比例配制而成的药剂，它无毒、无副作用，能促进古树根系生长，提高古树生长势。

4 养护技术

4.1 灌溉

我市 7~9 月高温伴有干旱，当土壤缺水时，应适时灌溉，每浇必透。在偏远山地、郊区地段的古树名木，若水源条件差，应尽可能创造条件，对一级保护的古树名木必须安装灌溉设备，保证对古树名木的浇水抗旱。

4.2 排渍

凡生长在低湿地与积水处的古树名木，在雨量集中的 4~7 月间，应在树穴周围开排水沟，以避免地下水浸渍与地表积水为害古树名木根系的生长发育。

4.3 施肥

增强古树名木的生长势，冬季应在树冠投影范围内施有机肥。土壤施肥方法主要有沟施和穴施两种，沟施每 3~5 年一次，穴施 2 年一次；一级保护的古树名木每年施有机肥一次。在古树名木生长期间的 4~6 月份，对生长势较弱的古树名木可施追肥 1~2 次；或结合古树复壮增施肥料。

4.4 围护

在人畜流量较多，易受破坏的的地方，古树名木应设立围栏、围墙给予保护，一级保护的古树名木必须设立围护。孤立树、古树群的围护区不得小于树冠垂直投影外缘 5 米，对围护要采取排水措施。

4.5 驳岸

对生长在湖、河、池塘等岸边，又有塌方可能的古树名木应设置驳岸。

4.6 挡土墙

为防止生长在坡坎、土墩上古树名木根系分布区的水土流失，应建挡土墙，墙高不宜超过根际线的高度，范围以树冠投影外侧为妥，并建有良好的排水孔道。

4.7 施工防护

对各种建筑施工范围内的古树名木，必须在其保护范围边缘事先采取保护措施，防止古树名木的机械损伤。禁止倾倒建筑垃圾、堆放建筑材料、砌筑构筑物、埋设管线等危害古树名木正常生长的活动。

4.8 防污

在古树名木根系分布区内，严禁设置临时厕所和排放污水的渗沟。禁止在树下倾倒未腐熟的人粪尿、垃圾、废渣、废液，以及有害化工药品与污水。

4.9 防毒

防止城市空气中粉尘与工厂大量排放的二氧化硫、氮氧化物等有害气体的危害。当古树名木叶面附有大量尘埃时，应喷水淋洗叶面。

4.10 防损害

禁止在树体上钉钉子、绕铁丝、缠绳索、挂杂物或利用树干做支撑物。不得在树干上刻划、剥损树皮，攀枝折条，采摘叶、花、果。

4.11 清杂

在山地为了避免其它植物与古树争夺光、水、养分以及地上、地下空间，应对古树名木邻近生长的速生阔叶树进行控制，清除危害古树名木的杂灌草与藤本植物，创造通风、透光、清洁卫生的群落环境，以促进古树名木生长。

4.12 修剪

对有纪念意义或有特殊观赏价值的古树名木，应保持其原来面貌，禁止随意修剪。若要对古树名木进行修剪，应事先由养护责任单位制定修剪措施，报有关部门批准后才能进行。

4.13 修补

古树名木树体上的伤疤或空洞应及时修补、填充。一级保护的古树名木在填充时必须使用新型材料。无需填充时，可对其内部进行消毒防腐处理后，任其自然愈合。

4.14 支撑

对有倾倒或折断可能的古树树干、大枝，应及时采取钢架支撑措施，支撑点处用适当的软质材料作垫层，防止损伤树皮。支撑物应与周围环境协调。

4.15 避雷

对高大古树名木，应根据树高、树冠大小和立地条件安装适当的避雷装置，以防雷击。对一级保护的古树名木必须安装。

4.16 保护植被

山坡林地的古树名木应保持原有伴生的灌木和地被植物。平地孤植或丛植的古树树冠下可种植耐阴的地被植物，做到既美观又有利于保持水土。

4.17 培土

禁止在古树名木下挖坑取土或堆土封干。对根系裸露的古树名木应及时培上适合根系生长的营养土。当古树名木地处坡地，大量根系裸露时，宜采取外砌石内填土，形成半月形鱼鳞坑，以防古树倾倒。

4.18 地面铺装

为解决古树名木表层土壤的通气性，在人流密集的古树周围应铺砌透气性材料，禁止用水泥进行封盖。在人少的地方可种植豆科地被植物，改善土壤肥力，防止水土流失。

4.19 病虫防治

古树名木的病虫害防治应切实贯彻预防为主、综合防治的方针，定期检查，适时防治。宜采用低毒、无公害的农药，保护天敌，减少环境污染。对一级保护的古树名木必须及时控制病虫害，无蛀干害虫和白蚁的危害，无枯死的病虫枝，被病虫危害的叶片每株不得超过2%。

5 古树复壮

我市一级保护的古树必须进行复壮。

5.1 土壤改良

古树因土壤严重贫瘠、板结而生长衰弱时，应松土、培土、施肥，并调整土壤酸碱度；土壤污染严重或建筑碴土较多的地方应换入轻质壤土。

5.2 改善地下环境措施

为改善古树生长不良的地下环境，应采用开挖复壮沟、连接通气管、设置渗水井、实施根灌助壮剂等措施，促进古树生长。

5.3 古树复壮的要求

古树复壮应在早春或秋后进行，严格采用已成功的方法。如要运用新的研究成果和技术时，应及时报请主管部门审查。

6 附录

附录 1：武汉市古树病虫防治

1. 武汉市古树病虫发生总体情况

古树的病害主要有因害虫、雷击、机械损伤等引起的主、枝干腐烂病，以及土壤环境恶化和土壤中矿质营养元素缺乏致使古树长势衰弱。古树常见的虫害有：白蚁、蚜虫、红蜘蛛、白粉虱、刺蛾、叶蜂、卷叶蛾、尺蠖、毒蛾、天牛、小蠹虫、木蠹等，是引起武汉市古树衰弱、死亡重要因素，尤其是白蚁的危害。

通常是食叶类害虫与刺吸类害虫的危害，可消耗古树水分和养分，易使树势衰弱；白蚁与蛀干害虫（小蠹虫、天牛、木蠹蛾等）破坏树木的输导系统，造成树木死亡。

2. 武汉市古树病虫的防治

冬季（11 月初至翌年 2 月）病虫防治：①清理古树名木枯死枝与邻近杂灌草，并集中烧毁，主要压低将要越冬的虫口密度，减少越冬代蚜、蜡、鳞翅目害虫的数量。②加强腐烂孔洞治理。先清除干净孔洞内腐烂物，再用 0.1% 硫酸铜溶液和 1% 甲醛溶液等消毒剂杀菌，有必要填补的进行填补。同时，有蛀干害虫危害的古树在树干涂上石硫合剂 50 倍稀释液。

3 月份，主要防治蚜、蜡的成、若虫。

4~5 月份，主要开展白蚁与天牛防治。对有白蚁危害的古树埋施白蚁防治药剂进行阻隔和消灭白蚁上树危害，或者挖坑诱杀。天牛的老熟幼虫，用钢丝钩杀幼虫，或用毒扦插入蛀孔；同时利用成虫在中午静息枝干的习性，组织人力捕捉。另外，注意防治越冬代或第一代鳞翅目食叶害虫，以及樟树的樟叶蜂与朴树类的红蜘蛛危害叶片。

6~7 月份，众多害虫开始进入危害期，重点防治刺蛾、卷叶蛾、毒蛾、尺蠖等鳞翅目食叶害虫。同时，这一时期也是天牛、木蠹蛾、小蠹虫等蛀干害虫的产卵、孵化盛期，因而有必要进行药剂喷干以杀成虫和初孵幼虫。

8~10 月份，武汉地区高温干旱，古树的各类害虫处于危害的高峰期，其中干旱会诱发白蚁、蚜虫、红蜘蛛、白粉虱以及介壳虫的严重危害。同时，高温干旱也会引起古树名木的长势衰弱，导致弱寄生性小蠹虫猖獗。所以，此期为每年古树名木害虫防治的重点时期。

附录 2：古树复壮的技术措施

1. 复壮沟设置

复壮沟深 80~100 厘米，宽 80~100 厘米，长度和形状因地形而定，直沟、弯沟均可。复壮沟施工位置在古树树冠投影外侧，从地表往下纵向分层。表层为 10 厘米素土，第二层为 20 厘米的复壮基质，第三层为树木枝条 10 厘米，第四层又是 20 厘米的复壮基质，第五层是 10 厘米树条，第六层为 20 厘米厚的粗砂。沟内填充物为：复壮基质、各种树条、增补营养元素

A：复壮基质是利用古树自身的自然落叶，取 60% 腐熟加 40% 半腐熟的落叶混合，再加少量 N、P、Fe、Zn 等元素配置而成。这种基质含有丰富的多种矿质元素，pH 值在 7.1~7.8 下富含胡敏素、胡敏酸和黄腐酸，可以促进古树根系生长。同时有机物逐年分解与土粒胶合成团粒结构，从而改善了土壤的物理性状，促进微生物活动，将土壤中固定的多种元素逐渐释放出来。

B：埋入各种树木枝条。把各种树木枝条截成 40 厘米长的枝段，利用腐殖土与各种树木枝条混埋，埋入沟内树条与土壤形成大空隙，有利于古树根系在沟内穿伸生长。

C：增施肥料，改善营养。以 Fe 元素为主，施入少量 N、P 元素。硫酸亚铁 ($FeSO_4$) 使用剂量按长 1 米、宽 0.8 米复壮沟，施入 0.1~0.2 公斤。

2. 通气管设置

通气管用直径 10 厘米左右的硬塑料管或打空的竹筒打孔做成。在复壮沟的一段，从地表层到地下竖埋，管高度 80~100 厘米。管口加带孔的铁盖。

3. 渗水井设置

渗水井是在复壮沟的一段或中间，为深 1.3~1.7 米、直径 1.2 米的井，四周用砖垒砌而成，下部不用水泥勾缝。井口用水泥封口，上面加铁盖。井比复壮沟深 30~50 厘米，可以向四周渗水。保证古树根系分布层不被水淹没。雨季水大时，如不能尽快渗走，可用泵抽出。井底部有时还需设渗漏管 80~100 厘米。

4. 施古树根灌助壮剂

在树冠投影外围开设 3~5 个放射状沟，以见吸收根的深度为宜，施加古树根灌助壮剂，也可采用打孔方法，即在树冠投影范围内打孔，孔的深度 50 厘米，孔径 2 厘米，然后在孔内灌入可通气固体颗粒与古树根灌助壮剂，每隔 10~15 天施一次。

附录 3：本标准用词说明

为便于在执行本标准条文时区别对待，对要求严格程度不同的用词说明如下：

1. 表示很严格，非这样做不可的用词：正面词采用"必须"；反面词采用"严禁"。

2. 表示严格，在通常情况下均应这样做的用词：正面词采用"应"；反面词采用"不应"或"不得"。

3. 表示稍有选择，在条件许可时，首先应这样做的用词：正面词采用"宜"；反面词采用"不宜"。

湖北省武汉市关于倡导以捐资和认养等形式
参与古树名木养护的意见

(武汉市林业局2009年1月12日武林护[2009]7号文件发布)

以捐资和认养等形式参与古树名木养护是指机关、团体、企事业单位及个人通过一定程序，自愿负责一定数量古树名木的管护、养护的行为。倡导以捐资和认养等形式参与古树名木养护，是依靠社会力量、搞好保护生态环境、创建森林城市、美化绿色家园、建设生态文明、增强广大群众自觉保护古树名木意识的一项有意义的社会公益性工作。根据《武汉市古树名木和后续资源保护条例》等相关规定，现就倡导以捐资和认养等形式参与古树名木养护提出以下意见：

一、以捐资和认养等形式参与古树名木养护的原则与办法

(一)实行坚持自愿的原则，反对搞形式主义和强行摊派。捐资和认养单位和个人可以捐资和认养一株，也可以多株；可以集体共同捐资和认养，也可以多人联合捐资和认养。捐资可以一次性，也可以多次性。

(二)实行协议管理的办法。由自愿要求捐资和认养的单位、个人向当地林业主管部门提出书面申请，提交相关的有效身份证件，经当地林业主管部门确认捐资和认养方具备相应的条件、资格后，由当地林业主管部门按照捐资和认养方的指定意愿或者向捐资和认养方推介适合意愿的古树名木，并引导捐资和认养方与将要捐资和认养古树名木的现有管护责任单位或管护人、物权人协商，签定捐资或认养协议，明确双方的责任和权利，其协议向当地林业主管部门备案。对于一次性捐资的单位和个人，可以尊重对方意愿要求不签定相关养护协议。

(三)古树名木的捐资和认养不得改变古树名木的产权关系。认养单位和个人要遵守保护古树名木的法律法规，不得以任何理由对外转让、租赁所捐资和认养的古树名木；不得在古树名木保护范围内增加建筑物、构筑物，如游乐设施、商业广告牌、餐饮摊点等；不得改变古树名木的性质、功能，严禁利用古树名木搞封建迷信等违法活动；未经特别约定，不得使用所捐资和认养的古树名木肖像进行营利性活动。

(四)对古树名木捐资和认养要在当地林业主管部门的指导协调下进行，捐资以及认养的双方以及有关单位、个人应接受林业主管部门的监督管理。

二、对古树名木捐资和认养的范围和认养的内容及形式

(一)范围。捐资和认养对象为武汉市人民政府公布的远城区部分古树名木名录。单位庭院内、个人宅院内、产权有争议或不明晰的古树名木暂不列入范围。

（二）认养内容。一是保护古树名木不受人为破坏。二是负责古树名木养护和管理工作，如防治病虫害、除草、培土、施肥、浇灌、松土、排涝等。三是及时检查古树名木生长情况，发现严重异常情况及时向当地林业主管部门报告。四是给古树名木挂保护标志牌、制作认养牌、建立和维修保护栏等保护设施。认养单位或个人可以选择其中一项或几项内容进行认养。

（三）认养形式。一是直接形式，即：由认养单位或个人直接出资金、出劳力，全面负责或部分负责养护、保护、建设、管理工作。二是委托形式，即：按认养协议规定并参照养护古树名木的资金预算提供相应(可以全部或部分出资)的认养金，委托专业绿化养护单位进行养护和管理。

认养期限每次一般不超过三年，期满后可以重新申请续资续认。

三、捐资和认养单位与个人在捐资和认养期内，享有所捐资和认养的古树名木的监护权、署名权

捐资和认养单位与个人可以出资制作具有个性特色的捐资、认养牌。捐资和认养牌应当署上捐资和认养单位名称或个人姓名、捐资和认养期限、捐资和认养内容。

认养期满后，在同等条许下可以优先续认所认养的古树名木。

四、倡导以捐资和认养等形式参与古树名木养护

倡导以捐资和认养等形式参与古树名木养护是一项新事物，各区林业主管部门和各有关单位要切实重视并认真做好宣传发动、组织管理及各项服务协调工作。对古树名木的捐资和认养工作实行专人管理，负责接受申请、审查资格、颁发捐资或认养证书、建立捐资和认养档案、定期检查并通报、向社会公布捐资、认养情况；要及时总结捐资和认养古树名木的经验并加以推广，及时通过新闻媒体报道宣传先进典型；对长期捐资和认养的单位与个人，对一次性捐资达到一定数额的单位与个人，市、区林业主管部门可以给予表彰奖励或授予荣誉称号。

图书在版编目（ＣＩＰ）数据

古树名木复壮养护技术和保护管理办法 / 全国绿化
委员会办公室编著. -- 北京：中国民族摄影艺术出版社，
2013.9
　　ISBN 978-7-5122-0465-2

　　Ⅰ．①古… Ⅱ．①全… Ⅲ．①树木－栽培技术②树木
－植物保护 Ⅳ．①S72

　　中国版本图书馆CIP数据核字(2013) 第193249号

书　名：古树名木复壮养护技术和保护管理办法
编　著：全国绿化委员会办公室
责　编：张宇 焦君
出　版：中国民族摄影艺术出版社
地　址：北京东城区和平里北街14号 （100013）
发　行：010-64211754　84250639
网　址：http://www.chinamzsy.com
印　刷：北京博海升彩色印刷有限公司
开　本：16k　210mm×285mm
印　张：16
字　数：223千
版　次：2013年8月第1版第1次印刷
印　数：1——3000册
ＩＳＢＮ 978 –7 – 5122– 0465 –2
定　价：280元

东莞树龄160多年的高产"荔枝王"